世纪英才中职项目教学系列规划教材（机电类专业）

电动机与控制技术基本功

李占平　主　编
王国玉　主　审

人 民 邮 电 出 版 社
北　京

图书在版编目（C I P）数据

电动机与控制技术基本功 / 李占平主编. -- 北京 :
人民邮电出版社, 2011.3
世纪英才中职项目教学系列规划教材. 机电类专业
ISBN 978-7-115-24739-1

Ⅰ. ①电… Ⅱ. ①李… Ⅲ. ①电动机－控制－专业学
校－教材 Ⅳ. ①TM301.2

中国版本图书馆CIP数据核字(2011)第006183号

内 容 提 要

本书根据电动机与控制技术的教学大纲，将所要求掌握的基本技能和知识分解成6个项目：常用低压电器的拆装与检测，三相交流异步电动机的拆装与控制，单相交流电动机的拆装与控制，直流电动机的拆装与控制，其他控制电动机的拆装与控制，电动机的PLC控制。本书重点突出基本技能的培养和基本知识的学习，按照“项目教学”的中职教育改革思路，在操作的过程中培养学生掌握电动机的构造和性能以及熟练分析各种电动机控制电路的基本能力，使教学方式最优化、教学效果最佳化。

本书既适合于中等职业学校机电类专业作为教材使用，又适合作为机电类岗位准入培训用书，还可作为相关专业技术工人的自学教材。

世纪英才中职项目教学系列规划教材（机电类专业）

电动机与控制技术基本功

◆ 主　　编　李占平
主　　审　王国玉
责任编辑　丁金炎
执行编辑　洪　婕

◆ 人民邮电出版社出版发行　　北京市崇文区夕照寺街14号
邮编　100061　　电子函件　315@ptpress.com.cn
网址　http://www.ptpress.com.cn
三河市海波印务有限公司印刷

◆ 开本：787×1092　1/16
印张：8.5
字数：203千字　　2011年3月第1版
印数：1-3 000册　　2011年3月河北第1次印刷

ISBN 978-7-115-24739-1

定价：18.00元

读者服务热线：(010)67132746　印装质量热线：(010)67129223
反盗版热线：(010)67171154
广告经营许可证：京崇工商广字第0021号

世纪英才中职项目教学系列规划教材

编　委　会

丛书前言

2008年12月13日，教育部“关于进一步深化中等职业教育教学改革的若干意见”【教职成〔2008〕8号】指出：中等职业教育要进一步改革教学内容、教学方法，增强学生就业能力；要积极推进多种模式的课程改革，努力形成就业导向的课程体系；要高度重视实践和实训教学环节，突出“做中学、做中教”的职业教育教学特色。教育部对当前中等职业教育提出了明确的要求，鉴于沿袭已久的“应试式”教学方法不适应当前的教学现状，为响应教育部的号召，一股求新、求变、求实的教学改革浪潮正在各中职学校内蓬勃展开。

所谓的“项目教学”就是师生通过共同实施一个完整的“项目”而进行的教学活动，是目前国家教育主管部门推崇的一种先进的教学模式。“世纪英才中职项目教学系列规划教材”丛书编委会认真学习了国家教育部关于进一步深化中等职业教育教学改革的若干意见，组织了一些在教学一线具有丰富实践经验的骨干教师，以国内外一些先进的教学理念为指导，开发了本系列教材，其主要特点如下。

（1）新编教材摒弃了传统的以知识传授为主线的知识架构，它以项目为载体，以任务来推动，依托具体的工作项目和任务将有关专业课程的内涵逐次展开。

（2）在“项目教学”教学环节的设计中，教材力求真正地去体现教师为主导、学生为主体的教学理念，注意到要培养学生的学习兴趣，并以“成就感”来激发学生的学习潜能。

（3）本系列教材内容明确定位于“基本功”的学习目标，既符合国家对中等职业教育培养目标的定位，也符合当前中职学生学习与就业的实际状况。

（4）教材表述形式新颖、生动。本系列教材在封面设计、版式设计、内容表现等方面，针对中职学生的特点，都做了精心设计，力求激发学生的学习兴趣。书中多采用图表结合的版面形式，力求学习直观明了；多采用实物图形来讲解，力求形象具体。

综上所述，本系列教材是在深入理解国家有关中等职业教育教学改革精神的基础上，借鉴国外职业教育经验，结合我国中等职业教育现状，尊重教学规律，务实创新探索，开发的一套具有鲜明改革意识、创新意识、求实意识的系列教材。其新（新思想、新技术、新面貌）、实（贴近实际、体现应用）、简（文字简洁、风格明快）的编写风格令人耳目一新。

如果您对本系列教材有什么意见和建议，或者您也愿意参与到本系列教材中其他专业课教材的编写，可以发邮件至 wuhan@ptpress.com.cn 与我们联系，也可以进入本系列教材的服务网站 www.ycbook.com.cn 留言。

丛书编委会

前言

Foreword

本书是根据“中等职业学校机电技术应用专业领域技能型人才培养指导方案”的课程项目“电机与控制”的教学内容和教学要求，并参照劳动和社会保障部关于中级维修电工技能考核标准的要求编写的。

本书主要有以下特点。

（1）本教材以“项目教学”为教学环节主线，力求真正地体现“教师为主导，学生为主体”的教学理念，充分培养学生的学习兴趣，并以“成就感”来激发学生的学习潜能。

（2）本教材内容明确定位于“基本功”的学习目标，既符合国家对中等职业教育培养目标的定位，也符合当前中职学生学习与就业的实际状况。

（3）本教材以电动机为载体，从感性到理性，由浅入深、理论实践一体化，既符合了人们的认知规律，又充分体现了“以就业为导向，以服务为宗旨”的教学理念。

（4）本教材针对中职学生的特点，采用图表结合的版面形式，力求学习直观明了，多采用实物图形来讲解，力求学生能够形象理解，从多方面激发学生的学习兴趣。

本书既适合于中等职业学校机电类专业作为教材使用，又适合作为机电类岗位准入培训用书，还可作为相关专业技术工人的自学教材。

本书的教学学时数为70学时，建议学时安排如下。

课程内容	理论学时	实训学时	机动学时	总学时
项目一	4	4	2	10
项目二	4	6	4	14
项目三	4	4	2	10
项目四	4	4	2	10
项目五	4	4	2	10
项目六	4	8	4	16
合计	24	30	16	70

本书由河南机电学校李占平任主编，并负责全书统稿；河南机电学校丁兰针、台畅任副主编。参编老师分工如下：丁兰针编写项目一，苏士峰编写项目二，余艳伟编写项目三，李占平编写项目四，王蕾编写项目五，台畅编写项目六。本书由河南信息工程学校王国玉老师担任主审，在此一并表示衷心的感谢！

由于编者水平有限，书中难免存在缺点和错漏之处，恳请读者和同仁批评指正。

编　者

2010年11月

目录

Contents

项目一　常用低压电器的拆装与检测

项目情境创设

异步电动机是应用最为普遍的旋转动力源，各种生产机械的运动部件大多是由异步电动机来驱动的。为了自动完成各种加工过程，减轻劳动强度，提高劳动生产效率，提高产品质量，在生产过程中要对电动机进行自动控制。在生产过程中，电动机的启动、停止、正反转、调速及制动，普遍采用继电器、接触器及按钮等控制电器来实现自动控制。

项目学习目标

项目学习目标		学习方式	学时
技能目标	① 认识各种低压电器的外形特征 ② 能正确使用常用电工工具 ③ 能正确拆装各种低压电器 ④ 能正确检测和维护低压电器	学生实际拆装、检测常用低压电器，教师指导演示、调试和维修	4 课时
知识目标	① 掌握各种低压电器的工作原理 ② 掌握各种低压电器的的图形符号和文字符号	教师讲授重点：各种低压电器的图形符号及文字符号	4 课时

项目基本功

一、项目基本技能

任务一　常用低压电器的认知

1．低压电器的作用与分类

低压电器是指工作在交流 1200V、直流 1500V 以下的电器。它被广泛应用于输配电系统和电力拖动系统中，在工农业生产、交通运输和国防工业中起着极其重要的作用。

低压电器的种类很多，按不同分类方法可分为以下几种。

（1）按动作方式可分为手动和自动两类：手动电器的动作是由工作人员手动操纵的，如刀开、组合开关、按钮等；自动电器的动作是根据指令、信号或某个物理量的变化自动进行的，如各种继电器、接触器、行程开关、熔断器等。

（2）按用途可分为控制电器和保护电器：控制电器是用来控制电路的通断，以达到控制、调节和转换电路的目的的；保护电器用来保护电动机和其他电器在不正常时及时断开电路，使电动机和其他电器不被损坏。

（3）按电源类型可分为直流低压电器和交流低压电器。

2．识别低压电器

（1）根据实物图填写表1-1中内容。

表1-1 常用低压电器

名称	实物图	文字符号及图形符号	规格型号	用途

（2）说出图 1-1 所示接触器、图 1-2 所示热继电器的结构示意图中各数字所代表的部位名称。

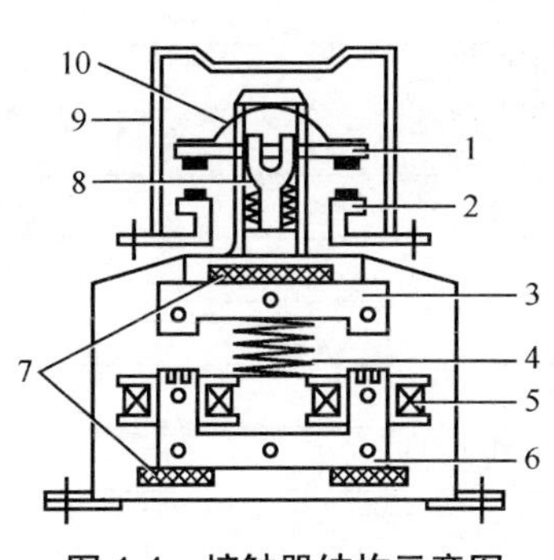

图 1-1　接触器结构示意图

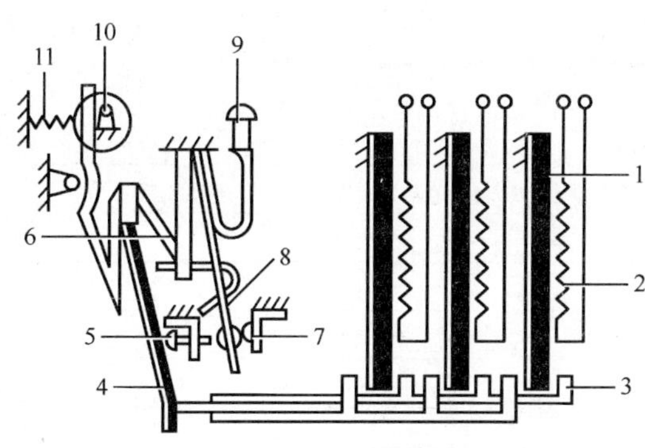

图 1-2　热继电器结构示意图

（3）观察空气阻尼式时间继电器结构，将主要零部件名称、作用、触点数量及种类记入表 1-2 中。用万用表测量线圈电阻，填入表 1-2 中。

表 1-2　空气阻尼式时间继电器结构

型号	线圈电阻	主要零部件名称	主要零部件作用
动合触点数（副）	动断触点数（副）		
延时触点数（副）	瞬时触点数（副）		
延时分断触点数（副）	延时闭合触点数（副）		

任务二　常用低压电器的拆装

1．组合开关的拆装

（1）拆卸

① 卸下手柄紧固螺钉，取下手柄。

② 卸下支架上的紧固螺母，取下顶盖、转轴弹簧和凸轮等用于操作的部件。

③ 抽出绝缘杆，取下绝缘垫板上盖。

④ 拆卸 3 对动、静触点。

⑤ 检查转轴弹簧是否松脱和灭弧垫是否有严重磨损，根据实际情况确定是否更换。

（2）装配

按拆卸的逆序进行装配。

（3）注意事项

① 装配时，要注意动、静触点的相互位置是否符合要求及叠片连接是否紧密。

② 装配结束后，先用万用表测量各对触点的通断情况。

③ 拆装时的注意事项：拆卸时，应备有盛放零件的容器，以防丢失零件。拆卸过程中，不允许硬撬，以防损坏电器。

（4）填写记录

将拆装有关内容记录到表 1-3 中。

表 1-3 组合开关的拆装记录

拆装步骤	主要零部件	
	名称	作用

2．接触器的拆装

（1）拆卸

① 卸下灭弧罩紧固螺钉，取下灭弧罩。

② 拉紧主触点定位弹簧夹，取下主触点及主触点压力弹簧片。拆卸主触点时必须将主触点侧转 45°后取下。

③ 松开辅助动合静触点的线桩螺钉，取下常开静触点。

④ 松开接触器底部的盖板螺钉，取下盖板。在松盖板螺钉时，要用手按住螺钉并慢慢放松。

⑤ 取下静铁芯缓冲绝缘纸片及静铁芯。

⑥ 取下静铁芯支架及缓冲弹簧。

⑦ 拔出线圈接线端的弹簧夹片，取下线圈。

⑧ 取下反作用弹簧。

⑨ 取下衔铁和支架。

⑩ 从支架上取下动铁芯定位销、动铁芯及缓冲绝缘纸片。

（2）装配

按拆卸的逆序进行装配。

（3）注意事项

① 拆卸过程中，应备有盛放零件的容器，以免丢失零件。

② 拆卸过程中不允许硬撬，以免损坏电器。装配辅助静触点时，要防止卡住动触点。

（4）填写记录

将有关内容记录到表 1-4 中。

表 1-4 交流接触器的拆装记录

拆装步骤	主要零部件	
	名称	作用

任务三　常用低压电器的检测与维护

1．组合开关的检测与维护

合上组合开关，用万用表电阻挡测量各对触点之间的接触电阻，用兆欧表测量每两相触点之间的绝缘电阻，将测量结果记入表 1-5 中，判别所检测的组合开关质量是否合格。

表 1-5　　组合开关的检测记录

型号			极数		
触点接触电阻					
L1 相		L2 相		L3 相	
相间绝缘电阻（MΩ）					
L1-L2		L1-L3		L3-L2	

触点的接触电阻应为 0，相间绝缘电阻就不小于 10 MΩ。

2．接触器的检测与维护

① 检查动、静触点是否对准，按下触点支架，观察所有动合触点是否同时闭合，如不同时闭合，调节触点弹簧使其一致。

② 用万用表检查各触点动作前后的电阻值，线圈的电阻值，是否符合要求。

③ 用兆欧表测量相间绝缘电阻，其值不得低于 10MΩ。

④ 检查触点开距及行程是否符合规定值，检查触点磨损程度，磨损深度不得超过 1mm，若不符合规定，又不好修复时，就更换触点。

⑤ 对铁芯、线圈、灭弧罩进行检查。

⑥ 将检查结果填入表 1-6 中。

表 1-6　　接触器的检测记录

型号				容量			
触点数量（副）							
主		辅		动合		动断	
触点电阻（Ω）							
动作前		动作后		动作前		动作后	
线圈							
线径		匝数		工作电压（V）		直流电阻（Ω）	
主触点相间绝缘电阻（MΩ）							
L1-L2		L1-L3		L3-L2			

3．热继电器的检测与维护

① 按下复位按钮，观察热继电器动作机构（触点）是否灵活。调整部件是否松动。

② 拨动试验手柄，检测动断触点间的接触电阻。

③ 打开热继电器的外盖，观察热继电器的结构，检测各发热元器件的电阻值是否符合规定值。

④ 将有关内容填入表 1-7 中。

表 1-7　　热继电器的检测记录

型号		类型		主要零部件	
发热元件电阻值（Ω）				名称	作用
U 相	V 相	W 相			
整定额定电流值（A）					
动合触点阻值（Ω）					
动作前		动作后			

4．按钮的检测与维护

用万用表检测按钮的触点阻值，观察其动作是否灵活，按钮行程是否符合要求，将检查结果填入表 1-8 中。

表 1-8　　按钮的检测记录

型号			类型			主要零部件	
触点数量（副）						名称	作用
动合触点			动断触点				
触点阻值（Ω）							
动合触点	动作前		动断触点	动作前			
	动作后			动作后			

二、项目基本知识

知识点一　常用低压电器的工作原理及应用

1．开关电器

（1）刀开关（QS）

刀开关又称闸刀开关，是一种手动配电电器，主要用来手动接通与断开交、直流电路，也可用于不频繁地接通与分断额定电流以下的负载，如小型电动机、电阻炉等。常用的刀开关见图 1-3。

（a）HD11 系列胶盖闸刀开关

（b）开启式刀开关

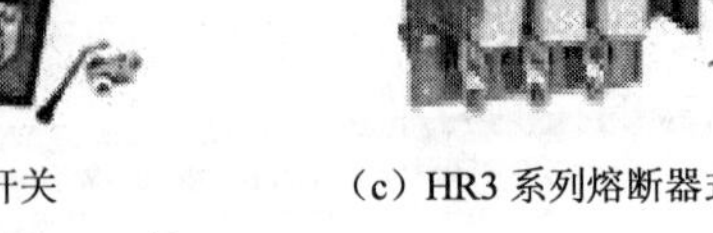

（c）HR3 系列熔断器式刀开关

图 1-3　常用的刀开关

刀开关按极划分有单极、双极与三极几种。其结构都由刀片、触点座、手柄和底板组成，图 1-4 所示为刀开关的结构原理示意图。图 1-5 所示为单极和三极刀开关的图形文字符号，刀开关用作隔离开关时，其图形符号上加有一横杠。图 1-6 所示为刀开关内部结构示意图。

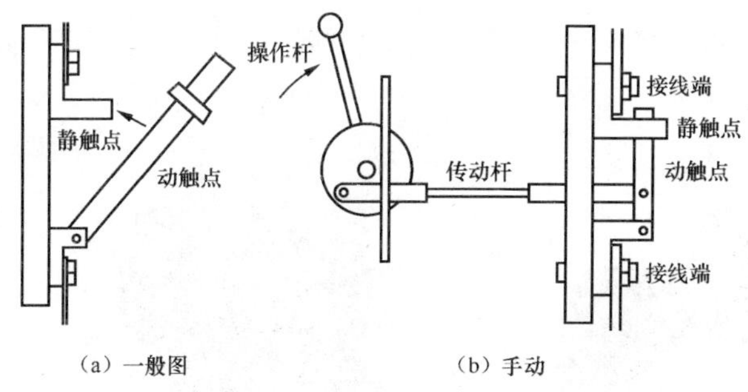

（a）一般图　（b）手动

图 1-4　HD 型单投刀开关原理示意图

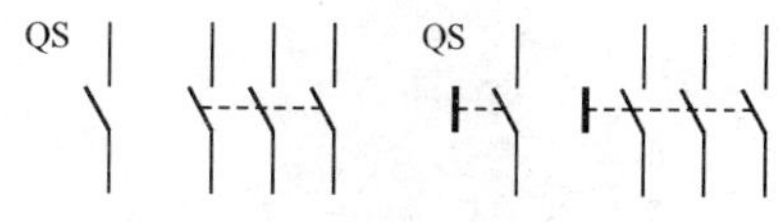

图 1-5　刀开关的文字符号

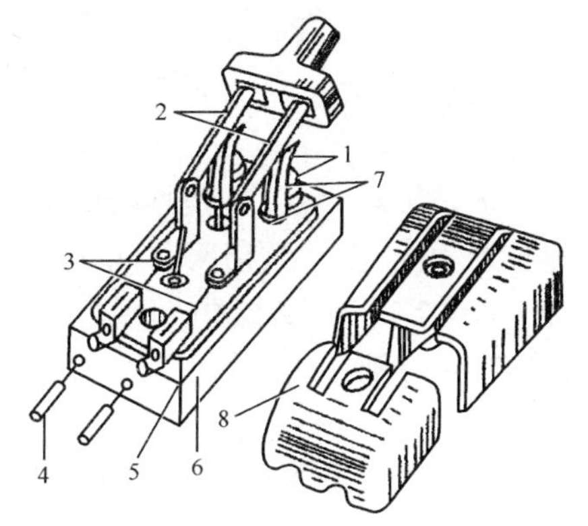

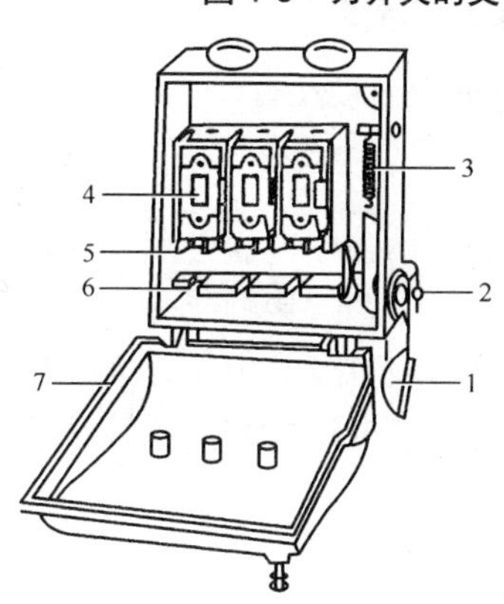

1—电源进线座；2—刀片；3—熔丝；4—负载线；
5—负载接线座；6—瓷底座；7—静触点；8—胶木片
（a）开启式负荷开关

1—手柄；2—转轴；3—速断弹簧；4—熔断器；
5—夹座；6—闸门；7—外壳前盖；
（b）封闭式负荷开关

图 1-6　刀开关内部结构示意图

常用的刀开关有胶盖闸刀开关（开启式负荷开关）和熔断器式刀开关等。胶盖闸刀开关主要用作电路的隔离开关、小容量电路的电源开关和小容量电动机非频繁启动的操作开关。使用时进线座接电源端的进线，出线座接负载端导线。

熔断器式刀开关主要用于有大短路电流的配电器网络和电动机电路，用作电源开关、隔离开关，并可作短路保护。

刀开关在安装时，瓷底应与地面垂直，手柄向上，不得倒装或平端。倒装时手柄可能因自重下滑而引起误合闸，危及人身和设备安全。另外，当闸刀带负荷分段电路时，刀片与夹座间将产生电弧。正装时电弧在电磁力和上升热气流作用下会被拉长，容易冷却，便于灭弧。反之灭弧则比较困难，严重时会使触点及刀片烧伤，甚至造成相间短路。

刀开关有以下选用原则。

① 根据电压和极数选择。控制单相负载时，选用 220V 或 250V 二相开关；控制三相负载时，选用 380V 三相开关。

② 根据额定电流选择。用于照明电路或其他阻性负载时，开关额定电流应大于或等于各负载额定电流之和；用于电动机或感性负载时，开关额定电流是最大一台电动机额定电流的 2.5 倍与其他负载额定电流之和。

③ 根据产品质量选择。检查各刀片与对应夹座是否直线接触，开合是否同步，夹座对刀片接触压力是否足够。

（2）组合开关（QS）

组合开关又称转换开关，它实质上也是一种刀开关。不同的是，一般刀开关的操作手柄是在垂直于安装面的平面内向上或向下转动的，而转换开关的操作手柄则是在平行于安装面的平面内向左或向右转动的。图 1-7 所示为常见的组合开关。

（a）HZ10D系列组合开关

（b）HZ25D系列组合开关

（c）HZ12A系列组合开关

图 1-7　常见的组合开关

组合开关由动触点、静触点、转轴、手柄等组成，转动手柄，动触点随着转轴转动，使相应的动触点与静触点接触或分离，从而使电路接通或断开。组合开关有单极、双极和多极之分，一般用于电气设备中作为非频繁地接通或分断电路、转接电源或负载、测量三相电压及控制小容量异步电动机的正反转和星形—三角形降压启动。图 1-8 所示为组合开关结构示意图及图形文字符号。

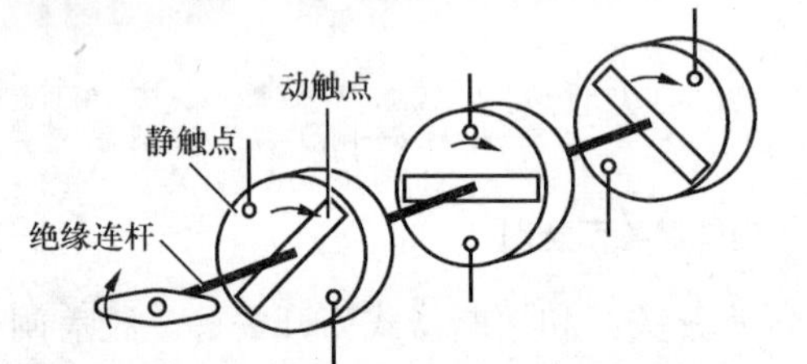

（a）组合开关内部结构示意图

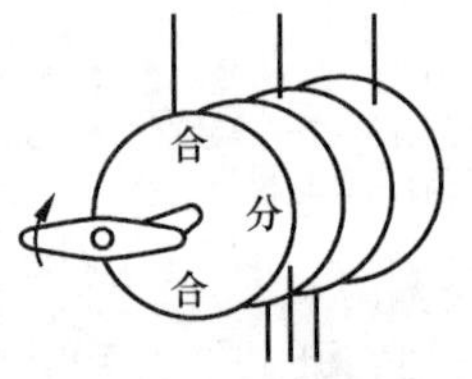

（b）外形示意图

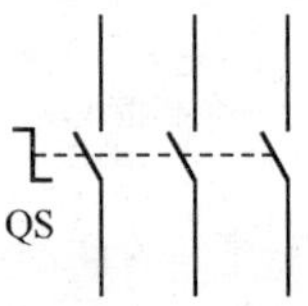

（c）组合开关符号

图 1-8　组合开关结构示意图及图形文字符号

组合开关的选用可参照刀开关的选用原则。用于控制小型异步电动机的运转时，开关的额定电流一般取电动机额定电流的 1.5～2.5 倍。

（3）自动开关（QF）

自动开关又称空气开关或空气断路器，既有手动开关作用，又能在电路发生严重过载、短路及失压时，自动切断故障电路，是保护串联的电器设备。图 1-9 所示为常见的自动开关。

（a）微型断路器

（b）配电控制用框架

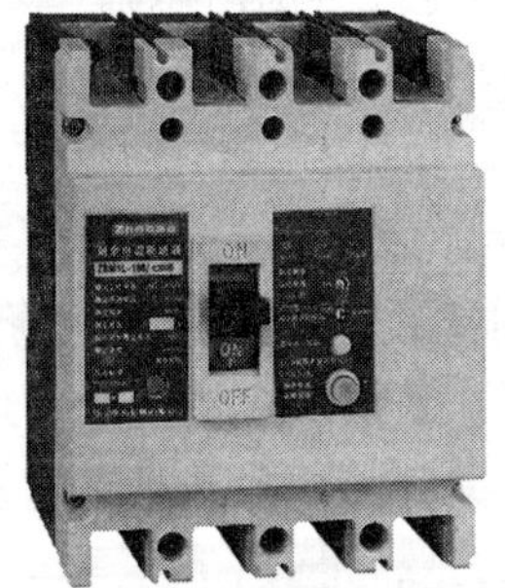

（c）剩余电流动作断路器

图 1-9　常见的自动开关

通常自动开关因其结构不同，可分为框架式和装置式两类。框架式为敞开式结构，适用于大容量配电装置；装置式有塑料外壳封闭，广泛用于工业自动控制及建筑物内作电源电路保护。图 1-10 所示为自动开关工作原理示意图及图形符号。

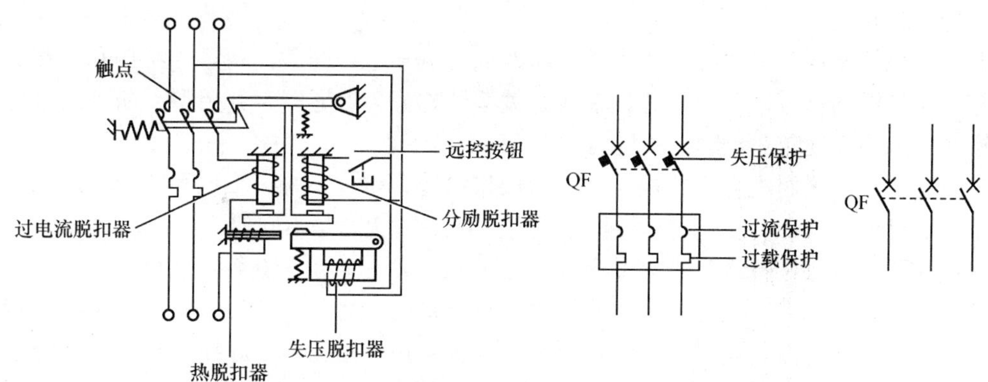

图 1-10 自动开关工作原理示意图及图形符号

自动开关主要由 3 个基本部分组成，即触点、灭弧系统和各种脱扣器，包括过电流脱扣器、热脱扣器、失压（欠电压）脱扣器、分励脱扣器和自由脱扣器。

自动开关是靠操作机构手动或电动合闸的，触点闭合后，自由脱扣机构将触点锁在合闸位置上。当电路发生故障时，通过各自的脱扣器使自由脱扣机构动作，自动跳闸以实现保护作用。分励脱扣器则作为远距离控制分断电路之用。

过电流脱扣器用于线路的短路和过电流保护，当线路的电流大于整定的电流值时，过电流脱扣器所产生的电磁力使挂钩脱扣，动触点在弹簧的拉力下迅速断开，实现短路器的跳闸功能。

热脱扣器用于线路的过负荷保护，由发热元件、双金属片组成，使用时将双金属片热元件接在主电路中，当过载到一定值时，由于温度过高，双金属片受热弯曲并带动自由脱扣机构，使断路器主触点断开，实现长期过载保护。

失压（欠电压）脱扣器用于失压保护。失压脱扣器的线圈直接接在电源上，处于吸合状态，断路器可以正常合闸；当停电或电压很低时，失压脱扣器的吸力小于弹簧的反力，弹簧使动铁芯向上使挂钩脱扣，实现短路器的跳闸功能。

分励脱扣器用于远方跳闸，当在远方按下按钮时，分励脱扣器得电产生电磁力，使其脱扣跳闸。

不同断路器的保护是不同的，使用时应根据需要选用。自动开关的选择应从以下几方面考虑。

① 自动开关类型的选择：应根据使用场合和保护要求来选择。如一般选用塑壳式；短路电流很大时选用限流型；额定电流比较大或有选择性保护要求时选用框架式；控制和保护含有半导体器件的直流电路时应选用直流快速断路器等。

② 自动开关额定电压、额定电流应大于或等于线路、设备的正常工作电压、工作电流。

③ 自动开关极限通断能力大于或等于电路最大短路电流。

④ 欠电压脱扣器额定电压等于线路额定电压。

⑤ 过电流脱扣器的额定电流大于或等于线路的最大负载电流。

(4) 转换开关(SA)

转换开关是一种多挡式、控制多回路的主令电器。广泛用于各种配电装置的电源隔离、电路转换、电动机远距离控制等，也常常作为电压表、电流表的换相开关，还可以用于控制小容量的电动机。

目前常用的转换开关主要有两大类，即万能开关和组合开关。两者的结构和工作原理基本相似，在某些场合可以互相代替。转换开关按结构分为普通型、开启型、防护组合型等；按用途又分为主令控制和控制电动机两种。

转换开关一般采用组合式结构设计，由操作结构、定位系统、限位系统、接触系统、面板及手柄等组成。当手柄在不同的转换角度时，触点的状态是不同的。

转换开关的触点在电路图中的图形符号如图 1-11 所示，由于其触点的分合状态是与操作手柄的位置有关，因此，在电路图中除画出触点圆形符号之外，还应该有操作手柄位置与触点分合状态的表示方法。其表示方法有两种，一种是在电路图中画虚线和画“•”的方法，如图 1-11 (a) 所示，即用虚线表示操作手柄的位置，用有无“•”表示通断状态，当操作手柄处于该位置时，该触点是处于闭合状态还是断开状态。比如，在触点图形符号下方的虚线位置上画“•”，则表示当操作手柄处于该位置时，该触点处于闭合状态，若在虚线位置上未画“•”，则表示该触点处于断开状态。另一种方法是在触点图形符号上标出触点编号，再用接通表表示操作手柄处于不同位置时的触点分合状态，如图 1-11(b)所示。在接通表中用有无“×”来表示操作手柄不同位置时的触点的闭合和断开状态，有“×”表示闭合，无“×”表示断开。

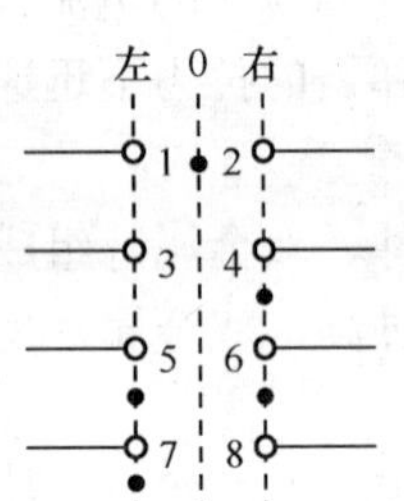

(a) 用“•”标记表示通断状态

触点	位置		
—	左	0	右
1–2		×	
3–4			×
5–6	×		×
7–8	×		

(b) 用接通表表示通断状态

图 1-11　转换开关的图形符号

转换开关的主要参数有型号、手柄类型、操作图类型、工作电压、触点数量及电流容量等。常用的转换开关有 LW5、LW6、LW8、LW9、LW12、LW16、VK、HZ 等系列，还有许多进口品牌也在国内得到广泛应用。

2. 控制按钮

按钮是一种最常用的主令电器。所谓主令电器，是用于控制电路中以开关接点的通断形式来发布控制命令，使控制电路执行对应的控制任务的电器。主令电器应用广泛，种类繁多，常见的有按钮、行程开关、接近开关、万能转换开关、主令控制器、选择开关、足踏开关等。在此仅介绍控制按钮。图 1-12 所示为常见的按钮。直动式按钮结构示意图及图形符号如图 1-13 所示，微动式按钮动作原理图如图 1-14 所示，急停按钮图形符号如图 1-15 所示。

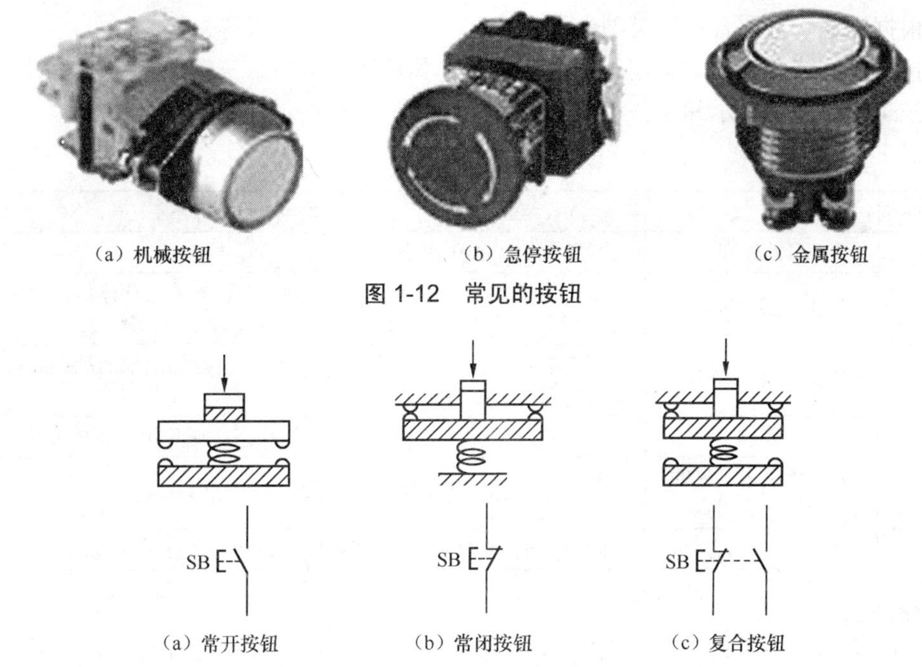

（a）机械按钮　（b）急停按钮　（c）金属按钮

图 1-12　常见的按钮

（a）常开按钮　（b）常闭按钮　（c）复合按钮

图 1-13　直动式按钮结构示意图及图形符号

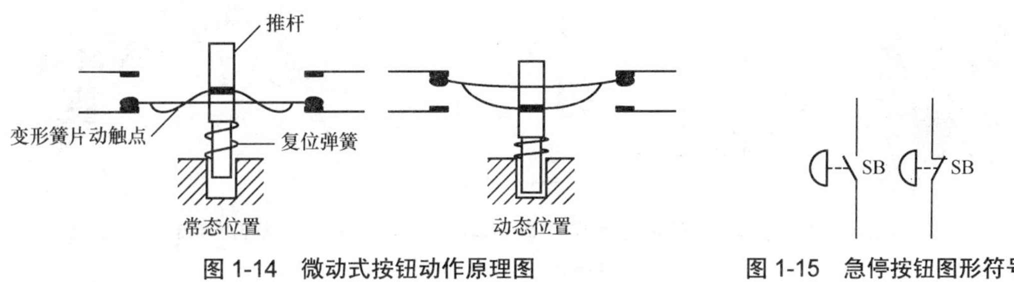

图 1-14　微动式按钮动作原理图　　图 1-15　急停按钮图形符号

按钮常用来短时间接通或断开小电流控制的电路，其机构简单，控制方便。

按钮由按钮帽、复位弹簧、桥式触点和外壳等组成。触点采用桥式触点，额定电流在 5A 以下，触点又分常开触点（动断触点）和常闭触点（动合触点）两种。

从按钮的触点动作方式可以分为直动式和微动式两种。直动式按钮的触点动作速度和手按下的速度有关；而微动式按钮的触点动作变换速度快，和手按下的速度无关。

微动式按钮的动触点由变形簧片组成，当弯形簧片受压向下运动低于平行簧片时，弯形簧片迅速变形，将平行簧片触点弹向上方，实现触点瞬间动作。

小型微动式按钮也叫微动开关，微动开关还可以用于各种继电器和限位开关中，如时间继电器、压力继电器和限位开关等。

按钮按保护形式分为开启式、保护式、防水式和防腐式。按结构形式分为嵌压式、紧急式、钥匙式、带信号灯、带灯揿钮式、带灯紧急式等。表 1-9 所示为常见按钮颜色的含义。

按钮一般适用于交流电压 500V 以下、直流电压 440V 以下、额定电流 5A 以下的控制线路中。

按钮有以下选用原则。

① 根据使用场合，选择控制按钮的种类。如开启式、防水式、防腐式等。

② 根据用途，选用合适的类型。如钥匙式、紧急式、带灯式等。

③ 按控制回路的需要，确定不同的按钮数。如单钮、双钮、三钮、多钮等。

④ 按工作状态的指示和工作情况的要求，选择按钮及指示灯的颜色。

表 1-9　　按钮颜色的含义

颜　色	含　义	举　例
红	事故处理	紧急停机；扑灭燃烧
	“停止”或“断电”	正常停机；停止一台或多台电动机；装置的局部停机；切断一个开关；带有“停止”或“断电”功能的复位
绿	“启动”或“通电”	正常启动；启动一台或多台电动机；装置的局部启动；接通一个开关装置（投入运行）
黄	参与	防止意外情况；参与抑制反常的状态；避免不需要的变化（事故）
蓝	上述颜色未包含的任何指定用意	凡红、黄和绿色未包含的用意，皆可用蓝色
黑、灰、白	无特定用意	除单功能的“停止”或“断电”按钮外的任何功能

3．熔断器

熔断器在低压配电线路中主要作为短路保护之用。当通过熔断器的电流大于规定值时，熔断器本身产生的热量使熔体熔化而自动分断电路。常见的熔断器如图 1-16 所示。

（a）螺旋式熔断器

（b）贴片自复熔断器

（c）小型插片熔断器

（d）有填料封闭管式熔断器

（e）无填料快速熔断器

图 1-16　常见的熔断器

熔断器由熔体和安装熔体的绝缘底座（或称熔管）组成。熔体由易熔金属材料铅、锌、锡、铜、银及其合金制成，形状常为丝状或网状。由铅锡合金和锌等低熔点金属制成的熔体，因不易灭弧，多用于小电流电路；由铜、银等高熔点金属制成的熔体，易于灭弧，多用于大电流电路。熔丝的熔点一般在 200～300℃。图 1-17 所示为熔断器结构示意图及符号。

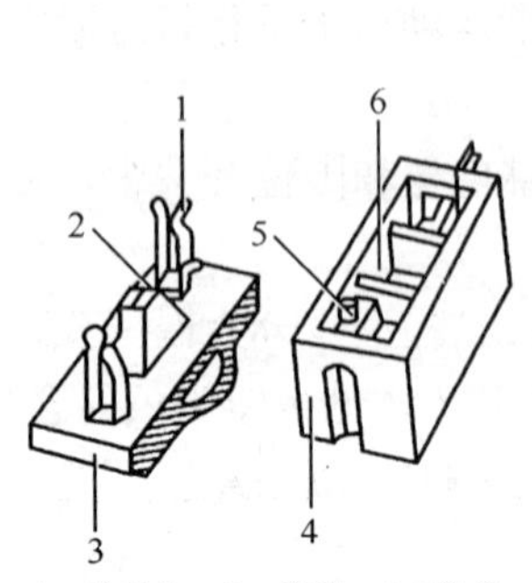

1—动触片；2—熔体；3—瓷盖；4—瓷底；5—静触点；6—灭弧室
（a）瓷插式熔断器

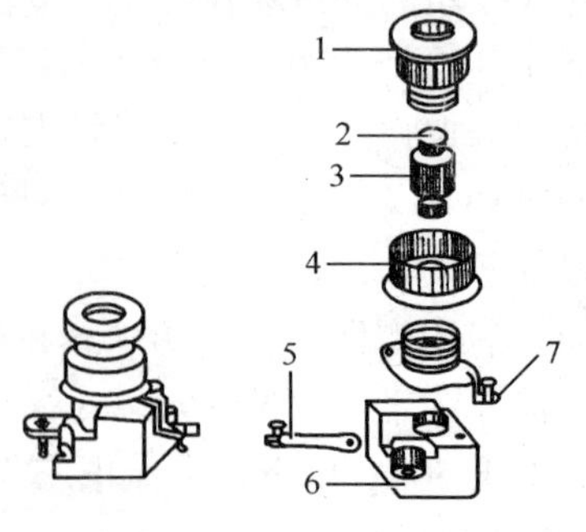

1—瓷帽；2—小红点标志；3—熔断管；4—瓷套；5—下接线端；6—瓷底座；7—上接线端
（b）螺旋式熔断器

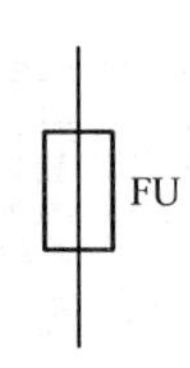

（c）图形文字符号

图 1-17　熔断器结构示意图及符号

常用的熔断器有瓷插式熔断器、螺旋式熔断器、RM10 型密封管式熔断器和 RT 型有填料密封管式熔断器等。

熔断器接入电路时，熔体串联在电路中，负载电流流过熔体，由于电流热效应而使温度上升，当电路正常工作时，其发热温度低于熔化温度，故长期不熔断。当电路发生过载或短路时，电流大于熔体允许的正常发热电流，使熔体温度急剧上升，超过其熔点而熔断，分断电路，从而保护了电路和设备。熔体熔断后，要换上新的熔体，电路才可能接通重新工作。

当通过熔断器熔体的电流是熔体额定电流的 2 倍时，熔体可瞬间熔断。所以熔断器在电路中只能用作短路保护，不能用于电动机的过载保护，因为电动机的启动电流很大，约为电动机额定电流的 4～7 倍。

前面介绍的熔断器，熔体一旦熔断，需要更换后才能使电路重新接通，有一种新型自复式熔断器可以解决这一矛盾。

自复式熔断器用金属钠制成熔丝，它在常温下具有高电导率（略次于铜），短路电流产生的高温能使钠汽化，气压增高，高温高压下气态钠的电阻迅速增大，呈现高电阻状态，从而限制了短路电流。当短路电流消失后，温度下降，气态钠又变为固态钠，恢复原来良好的导电性能，故自复式熔断器能多次使用。由于自复式熔断器只能限流，不能分断电路，故常与断路器串联使用，以提高分断能力。

熔断器有以下选用原则。

（1）类型的选择：熔断器的类型应根据线路要求、使用场合和安装条件选择。

（2）额定电压的选择：额定电压应大于或等于电路的工作电压。

（3）额定电流的选择：额定电流必须大于或等于电路工作电流。

（4）熔体额定电流的选择。

① 阻性负载保护。

熔体额定电流等于或稍大于电路的工作电流。

② 电动机的保护。

单台电动机保护：$I_{fv} \geqslant (1.5 \sim 2.5) I_N$

多台电动机保护：$I_{fv} \geqslant (1.5 \sim 2.5) I_{Nmax} + \Sigma I_N$

式中，I_{fv}——熔体额定电流；

I_{Nmax}——容量最大的电动机的额定电流；

I_N——电动机额定电流；

ΣI_N——其他电动机额定电流之和。

4．交流接触器

交流接触器是一种用来频繁接通和断开交流主电路及大容量控制电路的自动切换电器。它具有低压释放保护功能，并且用于频繁操作和远距离控制，是电力拖动自动控制线路中使用最广泛的电器元件之一。

图 1-18 所示是几种常用的交流接触器，图 1-19 所示为交流接触器结构原理图，图 1-20 所示为交流接触器结构示意图及图形文字符号。

交流接触器由以下几部分组成。

① 电磁系统：由电磁线圈、动铁芯（衔铁），静铁芯（铁芯）等组成。其中，动铁芯与动触点支架相连。电源线圈通电时产生磁场，使动、静铁芯磁化互相吸引，当动铁芯被吸引向静铁芯时，与动铁芯相连的动触点也被拉向静触点，令其闭合接通电路。电磁线圈断电后，

磁场消失，动铁芯在复位弹簧作用下回到原位，牵动动、静触点，分断电路。电磁线圈分为电压线圈和电流线圈，电压线圈并联在电路中，电流线圈串联在电路中。

（a）CJX5 系列　（b）CJ20 系列　（c）CJX2 系列

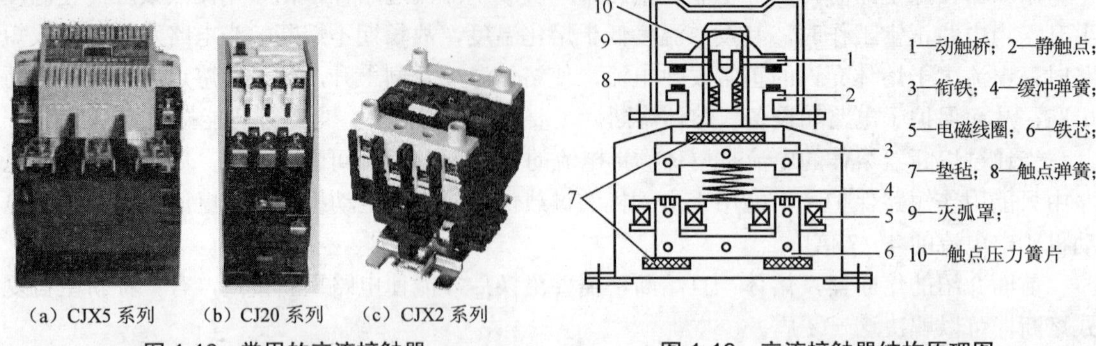

图 1-18　常用的交流接触器

图 1-19　交流接触器结构原理图

（a）线圈　（b）动合触点和动断触点　（c）带灭弧装置的触点

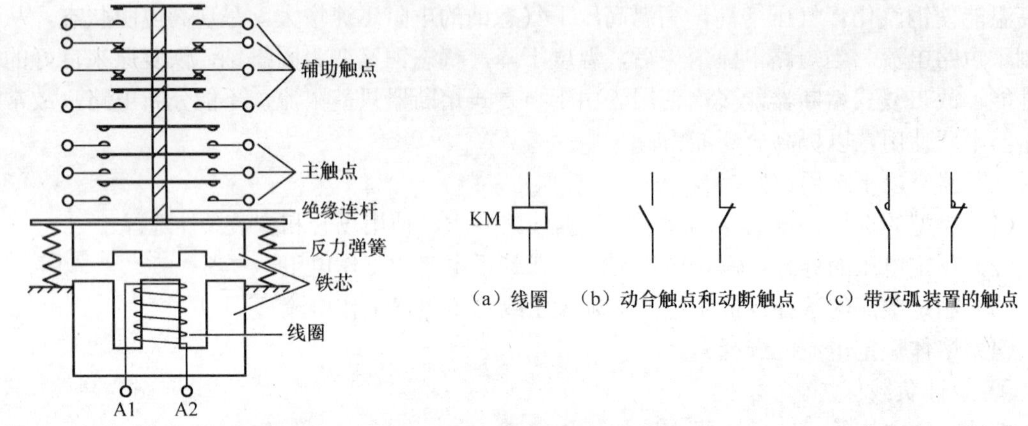

图 1-20　交流接触器结构示意图及图形文字符号

② 触点系统：交流接触器的触点系统包括主触点和辅助触点。主触点用于通断主电路；辅助触点用于控制电器，起电气联锁或控制作用。

③ 灭弧装置。各种有触点电器都是通过触点的开、闭来通、断电路的，其触点在闭合和断开（包括熔体在熔断时）的瞬间，都会在触点间隙中由电子流产生弧状的火花，称为电弧。容量在 10A 以上的接触器都有灭弧装置。对于小容量的接触器，常采用双断口桥形触点以利于灭弧；对于大容量的接触器，常采用纵缝灭弧罩及栅片灭弧结构。

④ 其他部件。交流接触器除上述 3 个主要部件外，还有外壳、传动机构、接线桩、复位弹簧、缓冲装置、触点压力弹簧等附件。常用的交流接触器有 CJ10 和 CJ12 系列。

接触器的技术参数有以下几项。

① 额定电压：接触器铭牌上的额定电压是指主触点的额定电压。交流有 127V、220V、380V、500V；直流有 110V、220V、440V。

② 额定电流：接触器铭牌上的额定电流是指主触点的额定电流。有 5A、10A、20A、60A、100A、150A、250A、400A、600A。

③ 吸引线圈的额定电压。交流有 36V、110V、127V、220V、380V；直流有 24V、220V、440V。

④ 电气寿命和机械寿命（以万次表示）。

⑤ 额定操作频率：接触器的额定操作频率是指每小时允许的操作次数，一般为 300 次/小时、600 次/小时和 1200 次/小时。

⑥ 动作值：动作值是指接触器的吸合电压和释放电压。规定接触器的吸合电压大于线圈额定电压的 85%时应可靠吸合，释放电压不高于线圈额定电压的 70%。

交流接触器有以下选用原则。

① 根据接触器所控制的负载性质来选择接触器的类型。

② 接触器的额定电压不得低于被控制电路的最高电压。

③ 接触器的额定电流应大于被控制电路的最大电流。对于电动机负载有下列经验公式；

$$I_C \geqslant \frac{P_N \times 10^3}{KU_N} \tag{2-1}$$

式中，I_C——接触器的额定电流；

P_N——电动机的额定功率；

U_N——电动机的额定电压；

K——经验系数，一般取 1～1.4。

接触器在频繁启动、制动和正反转的场合时，一般其额定电流需要降一个等级来选用。

④ 电磁线圈的额定电压应与所接控制电路的电压相一致。

⑤ 接触器的触点数量和种类应满足主电路和控制线路的要求。

5．继电器

继电器是一种小信号控制电器。它利用电流、电压、时间、速度、温度等信号来接通和分断小电流电器，并广泛用于电动机或线路的保护及各种生产机械的自动控制。由于继电器一般都不用来直接控制主电路，而是通过接触器和其他开关设备对主电路进行控制。因此，继电器载流容量小，不需灭弧装置。常用的电流继电器、电压继电器、中间继电器均为电磁式继电器。

下面仅对部分继电器加以介绍。

（1）电流继电器

电流继电器的输入量是电流，它是根据输入电流大小而动作的继电器。电流继电器的线圈串入电路中，以反映电路电流的变化，其线圈匝数少、导线粗、阻抗小。电流继电器可分为欠电流继电器和过电流继电器。

欠电流继电器正常工作时处于吸合状态，其常开触点闭合，常闭触点断开；当电路中电流低于设定值时，继电器中流过的电流小于释放电流而动作，使常开触点断开，常闭触点闭合。

过电流继电器用于过电流保护或控制，如起重机电路中的过电流保护。当电路中的电流大于继电器的整定电流时，触点动作，使常闭触点断开，切断电路。过电流继电器的整定范围通常为 1.1～4 倍额定工作电流。图 1-21 所示为电流继电器的结构示意图。

（2）电压继电器

电压继电器的结构与电流继电器相似，不同的是，电压继电器的线圈为并联的电压线圈，匝数多、导线细、阻抗大。

电磁式电压继电器线圈并接在电路电压上，用于反映电路电压大小。其触点的动作与线圈电压大小直接有关，在电力拖动控制系统中起电压保护和控制作用。按吸合电压相对其额定电压大小可分为过电压继电器、欠电压继电器和零电压继电器。

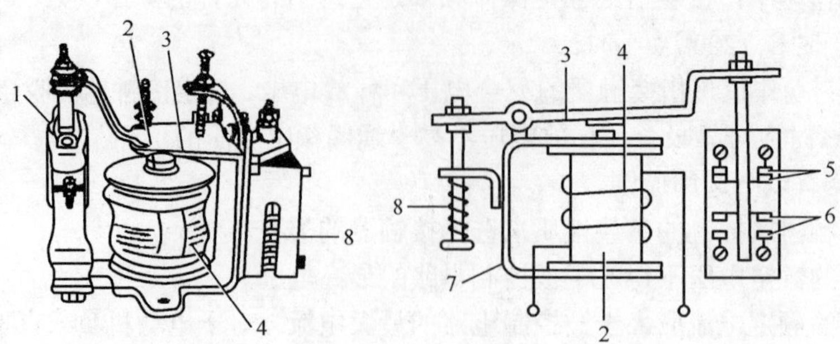

1—触点；2—静铁芯；3—衔铁；4—电流线圈；5—常闭触点；6—常开触点；7—磁轭；8—反力弹簧

（a）外形结构　　（b）工作原理示意图

图 1-21　电流继电器结构原理图结构

过电压继电器在电压大于额定值的 110%～115%时动作，欠电压继电器在额定值的 40%～70%时动作，而零电压继电器则是在当电压降至额定值的 5%～25%时动作。

图 1-22 所示为常见的电流继电器和电压继电器。图 1-23 所示为电流继电器、电压继电器图形文字符号。

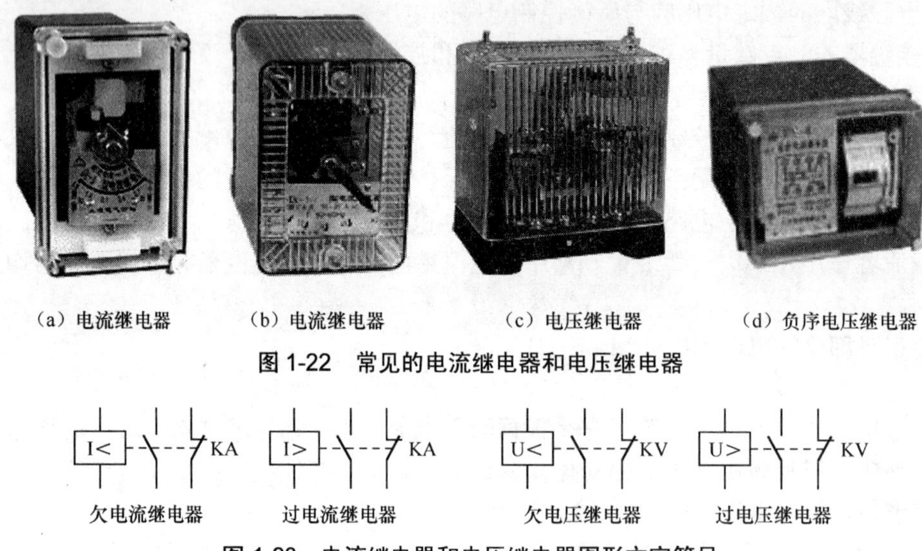

（a）电流继电器　（b）电流继电器　（c）电压继电器　（d）负序电压继电器

图 1-22　常见的电流继电器和电压继电器

欠电流继电器　过电流继电器　欠电压继电器　过电压继电器

图 1-23　电流继电器和电压继电器图形文字符号

（3）中间继电器

电磁式中间继电器实质上是一种电磁式电压继电器，其特点是触点数量最多，在电路中起增加触点数量和起中间放大作用。由于中间继电器只要求线圈电压为零时能可靠释放，对动作参数无要求，故中间继电器没有调节装置。当其他继电器的触点对数和触点容量不够时，可借助中间继电器来扩大它们的触点数和触点容量。图 1-24 所示为几种常见的中间继电器。

图 1-25 所示为中间继电器的结构示意图及图形文字符号。中间继电器体积小、动作灵敏度高，一般不用于直接控制电路的负荷，但当电路的负荷电流在 10A 以下时，也可代替接触器起控制负荷的作用。中间继电器的工作原理和接触器一样，触点较多，常用的中间继电器型号有 JZ7、JZ14 等。

（a）JZC4（CA2-DN1）系列

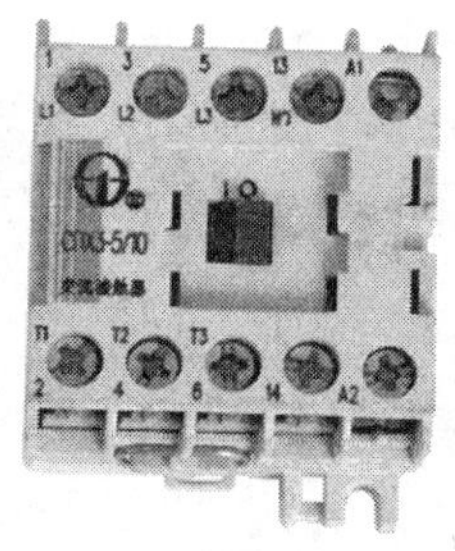

（b）JZD3 系列中间继电器

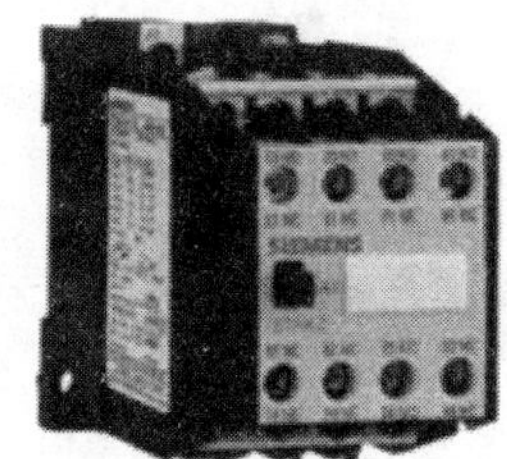

（c）3DH 系列中间继电器

图 1-24 常见的中间继电器

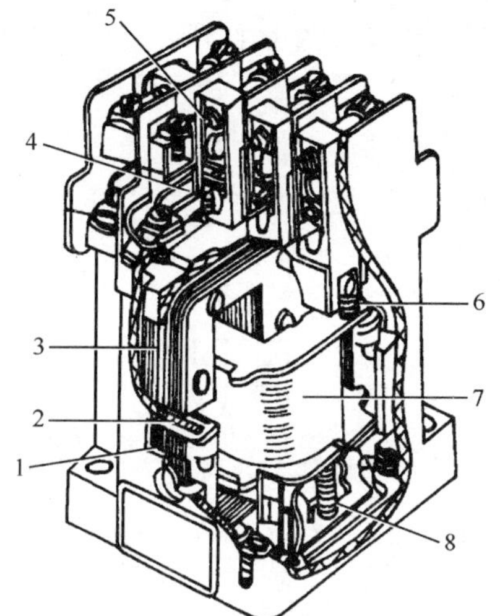

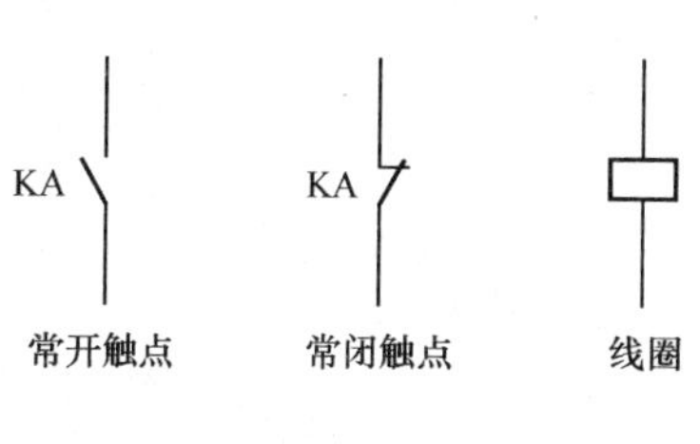

1—静铁芯；2—短路换；3—衔铁；4—常开触点；5—常闭触点；6—反作用弹簧；7—线圈；8—缓冲弹簧

图 1-25 中间继电器结构示意图及图形文字符号

中间继电器有如下选用原则。

① 根据使用类别选用。AC-11 控制交流电磁铁负载，DC-11 控制直流电磁铁负载。

② 根据额定电流和额定电压选用。选用继电器电压种类与额定电压值时，应与系统电压种类与电压值一致。

③ 根据工作制选用继电器。工作制应与其使用场合工作制一致，且实际操作频率应低于继电器额定操作频率。

④ 根据返回系数选择。应根据控制要求来调节电压和电流继电器的返回系数。一般采用增加衔铁吸合后的气隙、减小衔铁打开后的气隙或适当释放弹簧等措施来达到增大返回系数的目的。

（4）热继电器

热继电器是利用电流的热效应原理进行工作的保护电器，在电路中用于电动机的过载保护。由于发热元件具有热惯性，在电路中不能用于瞬时过载保护，更不能作短路保护，故热继电器主要用作电动机的长期过载保护。在电力拖动控制系统中应用最广泛的是双金属片式热继电器。

常见的热继电器如图 1-26 所示。

（a）JR36 系列热继电器

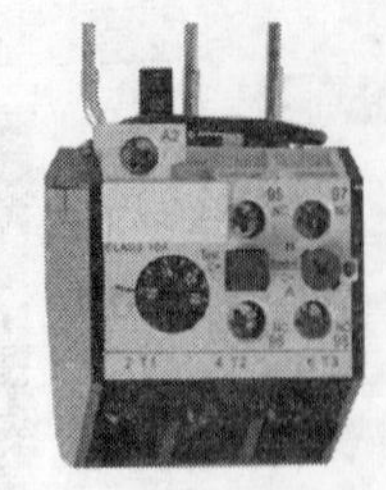

（b）JRS2 系列热继电器

（c）JR20 系列热继电器

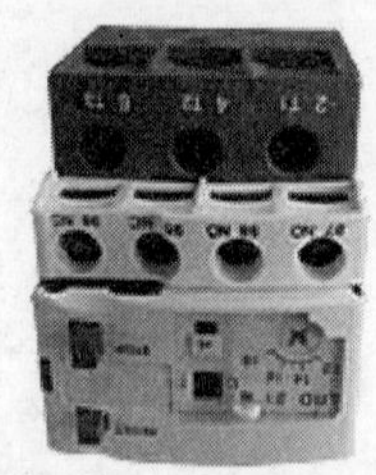

（d）LR2-D 型热继电器

图 1-26　几种常见的热继电器

热继电器主要由双金属片、热元件、复位按钮、传动杆、拉簧、调节旋钮、复位螺钉、触点和接线端子等组成。热继电器结构示意图及图形符号如图 1-27 所示。

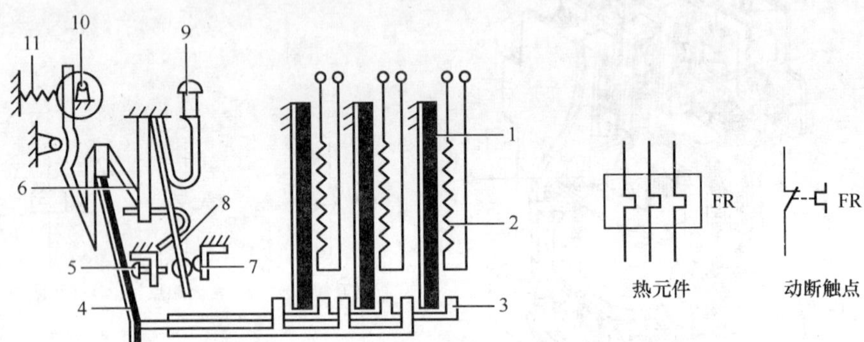

1—主双金属片；2—电阻丝；3—导板；4—补偿双金属片；5—螺钉；6—推杆；7—静触点；8—动触点；9—复位按钮；10—调节凸轮；11—弹簧

图 1-27　热继电器结构示意图及图形符号

双金属片是热继电器的感测元件，线胀系数大的称为主动片，线胀系数小的称为被动片。热元件串接于电动机的定子电路中，通过热元件的电流就是电动机的工作电流。当电动机正常运行时，其工作电流通过热元件产生的热量不足以使双金属片变形，热继电器不会动作。当电动机发生过电流且超过整定值时，双金属片因热量增大而发生弯曲，经过一定时间后，使触点动作，并通过控制电路切断电动机的工作电源。同时，热元件也因失电而逐渐降温，经过一段时间的冷却，双金属片恢复到原来状态。

调节凸轮用来改变双金属片与导板间的距离，达到调节整定动作电流的目的。此外，调节复位螺钉用来改变常开触点的位置，使继电器工作在手动复位或自动复位两种工作状态。调试手动复位时，在故障排除后需按下复位按钮才能使常闭触点闭合。

热继电器有如下选用原则。

① 根据结构形式选择。星形连接的电动机可选用普通二相式或三相保护式热继电器。三角形连接的电动机必须采用带有断相保护装置的热继电器。

② 根据额定电流选择。

一般情况按下式来选取：

$$I_N=（0.95\sim1.05）I_{NM} \tag{2-2}$$

式中，I_N——热元件的额定电流；

I_{NM}——电动机的额定电流。

对于工作环境恶劣、启动频繁的电动机则按下式选取：

$$I_N=(1.15\sim1.5)\,I_{NM}$$

如一台电动机的额定电流为 14.7A，则可选用 JR0-40 型热继电器，因其热元件电流 I_R=16A，工作时可将热元件的动作电流整定在 14.7A。

注意：对于点动、重载启动、频繁正反转及带反接制动的电动机，一般不用热继电器作过载保护，而是选用过电流继电器或温度继电器等。

（5）时间继电器（KT）

从得到输入信号（线圈的通电或断电）开始，经过一定的延时后才输出信号（触点的闭合或断开）的继电器，称为时间继电器。时间继电器的延时方式有两种，即通电延时和断电延时。

通电延时是指当接收输入信号延迟一定时间后，输出信号才发生变化；当输入信号消失后，输出瞬时复原，即通电延时动作而断电瞬时动作。

断电延时是指当接收输入信号输出瞬时发生变化；当输入信号消失后，延迟一定时间后，输出信号才复原，即通电瞬时动作而断电延时动作。

图 1-28 所示是时间继电器的图形符号和文字符号。

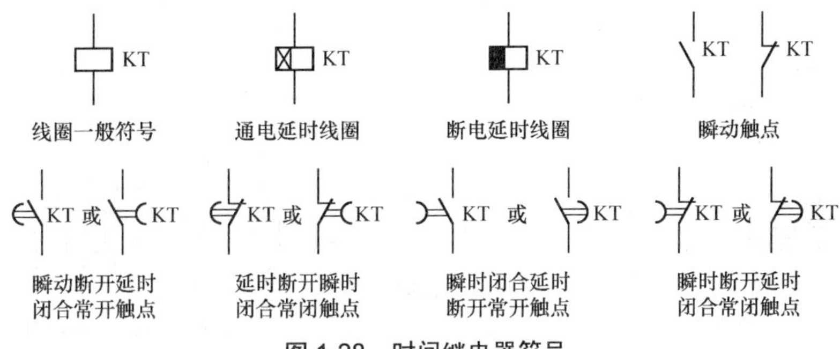

图 1-28 时间继电器符号

时间继电器按工作原理分为：电磁式、电动式、空气阻尼式、电子式等。其中，电子式时间继电器由于具有寿命长、精度高、体积小、延时范围大、控制功率小等优点，得到广泛应用。如图 1-29 所示为各种常见时间继电器的外形。

（a）JS7 系列空气阻尼时间继电器

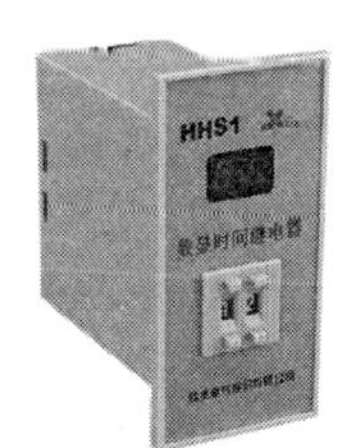

（b）带数显的时间继电器

（c）一般时间继电器

（d）电子式时间继电器

图 1-29 常见的时间继电器

电子式时间继电器的品种很多，表 1-10 给出了 JS20 系列时间继电器主要技术参数，它有通电延时型、断电延时型、带瞬动触点的通电延时型 3 种类型。

时间继电器在选用时应根据控制要求选择其延时方式，根据延时范围和精度选择继电器的类型。

表 1-10　　JS20 系列时间继电器主要技术参数

产品名称	额定工作电压/V		延时等级/s
	交流	直流	
通电延时继电器	36、110、127、220、380	24，48，110	1、5、10、30、60、120、180、240、300、600、900
瞬动延时继电器	36、110、127、220		1、5、10、30、60、120、180、240、300、600
断电延时继电器	36、110、127、220、380	—	1、5、10、30、60、120、180

（6）速度继电器

速度继电器是按速度原则动作的继电器，主要用作三相笼型异步电动机的反接制动控制，因此又称为反接制动控制器。

感应式速度继电器主要由转子、定子和触点三部分组成。转子是一个圆柱形永久磁铁，定子是一个笼形空心圆环，由硅钢片叠成，并装有笼形绕组。速度继电器的结构原理图与图形文字符号如图 1-30 所示，图 1-31 所示为几种常见的速度继电器。

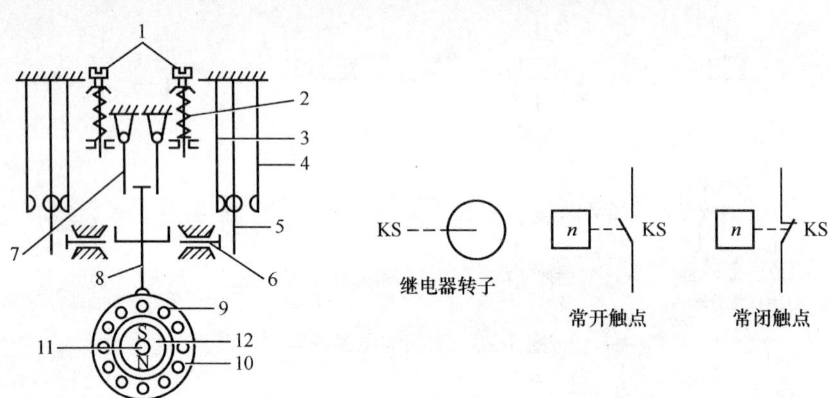

1—调节螺钉；2—反力弹簧；3、4、5—触点；6—推杆；7—返回推杆；8—摆杆；9—笼型导条；10—圆环；11—转轴；12—永磁转子

图 1-30　速度继电器的结构原理图与图形文字符号

（a）内置传感器型速度继电器

（b）一般速度继电器

（c）JY1 型速度继电器

图 1-31　几种常见的速度继电器

速度继电器的套由永久磁铁的轴和被控电动机的轴相连。当电动机旋转时，常开触点闭合，当转速低于一定值时，其常开触点断开，常闭触点闭合。一般速度继电器的动作转速为 120r/min 以下，触点复位转速在 100r/min 以下。

6．行程开关

行程开关能够依据生产机械的行程发布命令，以控制其运动方向和行程长短。若将行程开关安装于生产机械行程的终点处，用以限制其行程，则称为限位开关或终端开关。其作用与按钮作用相同，区别在于它不是靠手指的按压而是利用生产机械运动部件的碰压使其触点动作，从而将机械信号转变为电信号，用以控制机械动作或用作程序控制，使运动机械按一定的位置或行程实现自动停止、反向运动、变速运动或自动往返运动。

行程开关按接触的性质可分为有触点式和无触点式。有触点式按运动形式可分为直动式、微动式、滚轮式（旋转式），如图 1-32 所示。无触点式行程开关又称为接近开关。

（1）直动式：直动式行程开关的动作原理与控制按钮相同，它的缺点是触点分合速度取决于生产机械的移动速度，当移动速度低于 0.4m/min 时，触点分断太慢，易受电弧烧蚀。为此应采用盘形弹簧瞬时动作的滚轮式行程开关。

（a）用于控制工作台加工区域的行程开关

（b）JW2 系列行程开关

（c）微动开关

（d）高精度组合行程开关

图 1-32　常见的行程开关

（2）微动开关：具有瞬时动作和微小行程的灵敏。图 1-33、图 1-34 所示是其结构示意图。当开关推杆 4 在机械作用下压下时，弹簧片 5 产生变形，储存能量并产生位移，当达到临界点时，弹簧片连同桥式动触点瞬时动作。当外力失去后，推杆在弹簧片作用下迅速复位，触点恢复原来状态。由于采用瞬时结构，触点换接速度不受推杆压下速度的影响。

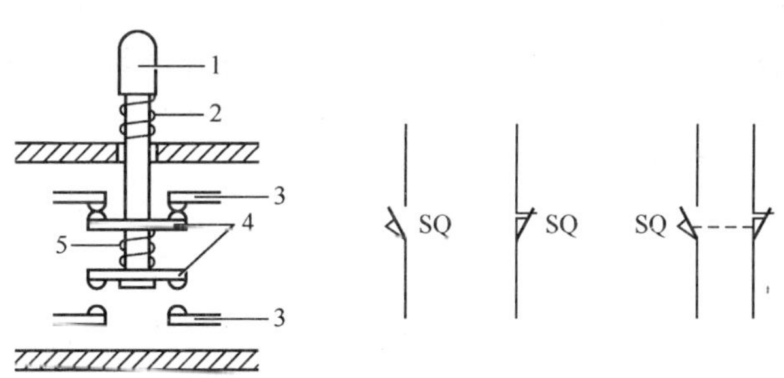

1—顶杆；2—复位弹簧；3—静触点；4—动触点；5—触点弹簧

图 1-33　直动式行程开关结构示意图及图形符号

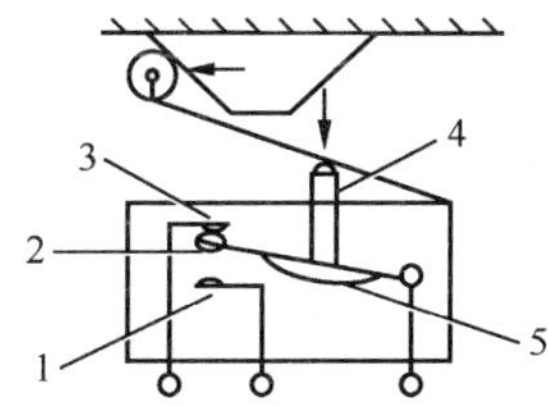

1—常开静触点；2—动触点；3—常闭静触点；4—推杆；5—弹簧片

图 1-34　微动开关原理图及符号

目前国内生产的行程开关有LXK3、3SE3、LX19、LXW和LX等系列。常用的行程开关有LX19、LXW5、LXK3、LX32和LX33等系列。

行程开关有如下选用原则。

① 根据应用场合及控制对象选择。

② 根据安装环境选择防护形式，如开启式或保护式。

③ 根据控制回路的电压和电流选择。

④ 根据机械与行程开关的传力与位移关系选择合适的头部形式。

（3）接近开关：接近开关是一种电子电器，当机械运动部件运动到接近开关一定距离时，它就能发生动作信号，用于行程控制和限位保护，还可用于测速、零件尺寸检测、加工程序的自动衔接等。图1-35所示为几种常见的国产接近开关和接近开关的图形文字符号。

图1-35　常见的接近开关及图形文字符号

无触点行程开关分为有源型和无源型两种。多数无触点行程开关为有源型，一般采用5～24V的直流电源或220V交流电源等。

接近开关按工作原理分有：高频振荡型、电容型、电磁感应型、永磁型、磁敏型等。其中，以高频振荡型最常用。

由于接近开关具有非接触式触发、动作速度快、可在不同的检测距离内动作、发出的信号稳定无脉动、工作稳定可靠、寿命长、重复定位精度高以及能适应恶劣的工作环境等特点，所以在机床、纺织、印刷、塑料等工业生产中应用广泛。常用的接近开关有国产的LJ、CWY、SQ系列和引进国外技术生产的3SG系列。

接近开关有如下选用原则。

① 按工作频率、可靠性及精度要求选择。

② 按检测距离、安装尺寸选择。

③ 按输出要求的触点型式（有触点、无触点）、触点数量、输出形式选择。

④ 按所使用的电源类型（交流、直流）和电压等级选择。

7．指示灯

指示灯在各种电气设备及电气线路中作电源指示及指挥信号、预告信号、运行信号、故障信号及其他信号指示。

指示灯主要由壳体、发光体、灯罩等组成。外形结构多种多样，发光体主要有白炽灯、氖灯和半导体型灯3种。发光颜色有黄、绿、红、白、蓝5种，使用时按国标规定的用途选用，如表1-11所示。指示灯的图形符号和文字符号如图1-36所示，主要参数有安装孔尺寸、工作电压及颜色等，常用国产系列有AD11、AD30、XDJ1等。

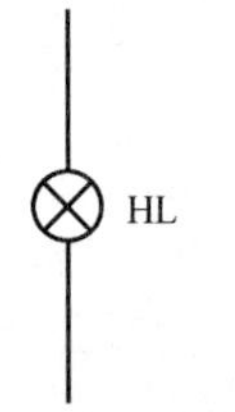

HL

图1-36　指示灯图形及文字符号

表 1-11　指示灯的颜色及其含义

颜色	含义	解释	典型应用
红色	异常或警报	对可能出现危险和需要立即处理的情况进行报警	温度超过规定极限，设备的重要部分已被保护电器切断
黄色	警告	状态改变或变量接近其极限值	温度偏离正常值
绿色	准备、安全	安全运行条件指示或机械准备启动	设备正常运转
蓝色	特殊指示	上述几种颜色未包含的任意一种功能	——
白色	一般信号	上述几种颜色未包含的各种功能	——

8．控制变压器

变压器功能：在输电方面，利用变压器实现高压和低压间的变换；在电子线路中，除电源变压器外，变压器还用来耦合电路、传递信号并实现阻抗匹配。另外，还有各种专用变压器，尽管功能不同，它们的基本构造和工作原理是相同的。变压器的结构一般包括两部分：铁芯和线圈。

变压器根据用途可分为：电力变压器、控制变压器、电源变压器、仪用互感器（电流互感器和电压互感器）、自耦变压器、耦合变压器等，在工业控制中主要用到控制变压器。

控制变压器就是把 220V 或 380V 的电压变换成多个控制用电压。如 CA6140 车床中把 380V 电压变换成 3 个电压：110V（电动机控制线路）、36V（照明灯线路）、6V（电源指示线路）。图 1-37 所示为控制变压器的外形、结构和图形符号及文字符号。

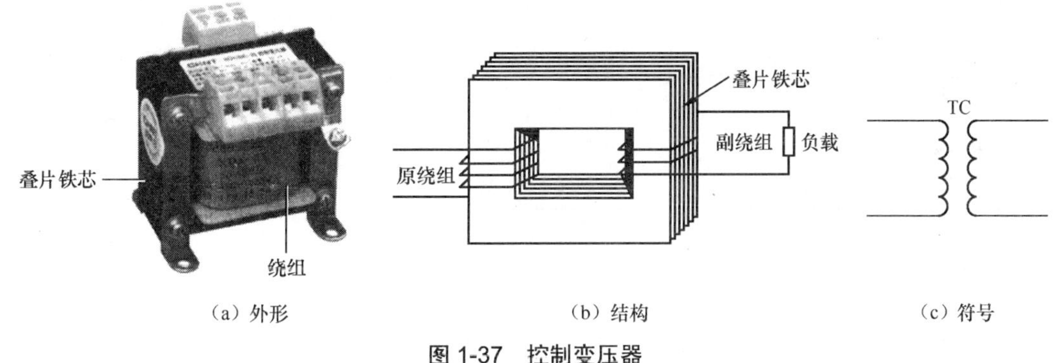

（a）外形　（b）结构　（c）符号

图 1-37　控制变压器

项目学习评价

一、思考练习题

1．简述交流接触器的工作原理及选用原则。

2．若一台三相电动机的额定电流为 10A，试选择用于控制电动机的电源开关、熔断器、接触器、热继电器的规格。

3．为什么在电动机控制电路中，热继电器不能作短路保护，熔断器不能作过载保护？在电热电路或照明电路中，短路保护和过载保护又是用什么来实现的？

二、自我评价、小组互评及教师评价

评价项目	项目评价内容	分值	自我评价	小组评价	教师评价	得分
理论知识	① 掌握各种低压电器的工作原理及结构特点	5				
	② 掌握各种低压电器的选用原则	10				
	③ 掌握各种电器的图形符号和文字符号	10				
实操技能	① 能熟练认识各低压电器的外形及符号	10				
	② 能正确拆装各种低压电器	15				
	③ 能正确检测各种低压电器	15				
安全文明生产	① 正确使用万用表、兆欧表	5				
	② 正确使用及放置工具	5				
	③ 保持卫生	5				
学习态度	① 出勤情况	5				
	② 实验室纪律	5				
	③ 团队协作精神	10				

三、个人学习总结

成功之处	
不足之处	
改进方法	

项目二　三相交流异步电动机的拆装与控制

项目情境创设

三相交流异步电动机是一种将电能转化为机械能的电力拖动装置，广泛应用于轻工机械、金属切削机床、矿山机械、粉碎机等工农业以及民用电器领域。它主要由定子、转子构成，定子是静止不动的，转子进行旋转。对定子绕组通以三相交流电源后，产生旋转磁场并切割转子，获得转矩。三相交流异步电动机结构简单、价格便宜、可靠性高、过载能力强，并且使用、安装、维护方便，被广泛应用于各种领域。

项目学习目标

项目学习目标		学习方式	学时
技能目标	① 认识三相电动机并会拆装 ② 掌握三相电动机直接启动控制电路 ③ 掌握三相电动机正反转控制电路 ④ 掌握三相电动机的调速电路 ⑤ 掌握三相电动机的制动电路 ⑥ 掌握三相电动机的故障及检修	学生实际动手连接电路并排除线路故障，教师进行指导、检查	6 课时
知识目标	① 掌握三相电动机的工作原理 ② 掌握电气原理图及其绘制原则	教师讲授重点：三相电动机的工作原理、电气原理图及其绘制原则	4 课时

项目学习目标

一、项目基本技能

任务一　三相电动机的认识与拆装

三相异步电动机具有结构简单、价格低廉、容易制造、运行可靠、坚固耐用、维护方便、效率高等优点，因此，广泛应用于轻工机械、金属切削机床、矿山机械、粉碎机等工农业以及民用电器领域。

对电动机进行定期保养、维护和检修时，首先需要对其进行拆装。下面，我们谈谈如何进行三相交流异步电动机的拆装。

1．拆卸前的准备

（1）切断电源，拆开电动机与电源连接线，并做好与电源线相对应的标记，以免组装时弄错相序，还要把电源线的线头做绝缘处理。

（2）准备拆卸工具，比如：螺丝刀、尖嘴钳、扳手、拉具、套筒等工具。

（3）掌握被拆电动机的结构及特点。

（4）标记电源线在接线盒中的相序、电动机的出轴方向及引出线在机座上的出口方向。

2．拆卸步骤

如图 2-1 所示，拆卸步骤如下。

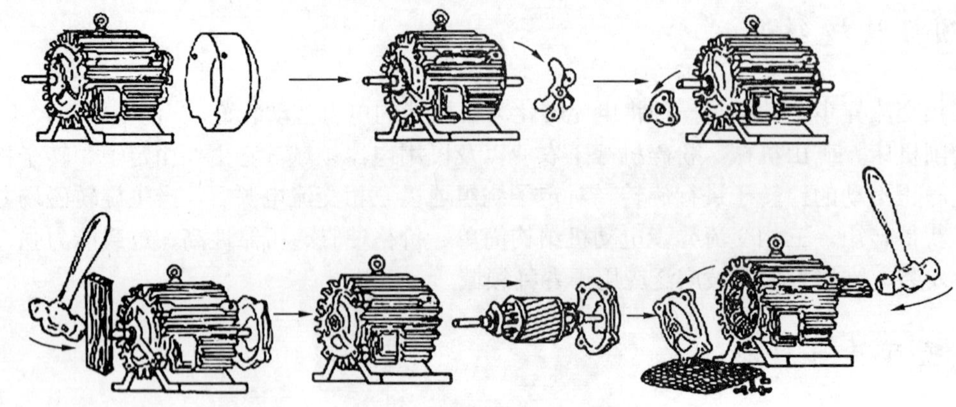

图 2-1　电动机拆卸步骤

（1）拆卸皮带轮或联轴器，拆电动机尾部风扇罩。

（2）拆卸下定位键或螺丝，并拆下风扇。

（3）旋下前后端盖紧固螺钉，并拆下前轴承外盖以及前端盖。

（4）用木板垫在转轴前端，将转子连同后端盖一起用铜棒或木锤从止口中敲出。

（5）抽出转子。

（6）将木板伸进定子铁芯顶住前端盖，再用锤子敲击木板卸下前端盖，最后拆卸前后轴承及轴承内盖。

（7）填写电动机拆卸记录，见表 2-1。

表 2-1　电动机的拆卸记录

拆装步骤	主要零部件	
	名称	作用

3．主要部件的拆卸方法

（1）皮带轮或联轴器的拆卸。拆卸前，先在皮带轮或联轴器的轴伸端做好定位标记，用专用拉具将皮带轮或联轴器慢慢拉出。拉时要注意皮带轮或联轴器受力情况，务必使合力沿轴线方向，不得损坏转子轴端中心孔。

（2）拆卸前轴承外盖、前端盖、风罩、风扇。拆卸前，先在机壳与端盖的接缝处（即止口处）做好标记以便复位。均匀拆除轴承盖及端盖螺栓，拿下轴承盖，再用两个螺栓旋于端盖上两个顶丝孔中，两螺栓均匀用力向里转（较大端盖要用吊绳将端盖先挂上），将端盖拿下（无顶丝孔时，可用铜棒对称敲打，卸下端盖，但要注意避免过重敲击，以免损坏端盖），卸下风罩、风扇。

（3）拆卸后轴承外盖、后端盖，抽出转子拆卸后轴承外盖、端盖后就可抽出转子了。对于小型电动机抽出转子是靠人工进行的，为防手滑或用力不均碰伤绕组，应用纸板垫在绕组端部进行，如图 2-2 所示。

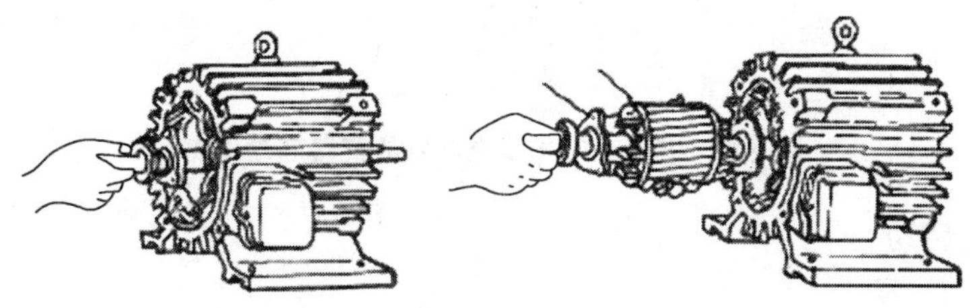

图 2-2　电动机转子的拆卸

（4）拆卸前轴承、前轴承内盖、后轴承、后轴承内盖。拆卸轴承应选用适宜的专用拉具。拉力应着力于轴承内圈，不能拉外圈，专用拉具顶端不得损坏转子轴端中心孔。在轴承拆卸前，应将轴承用清洗剂洗干净，检查它是否损坏，有无必要更换。

4．装配交流异步电动机

（1）装配异步电动机的步骤与拆卸相反。装配前要检查定子内是否有污物、锈蚀处，止口有无损伤等，用压缩空气吹净电动机内部的灰尘，并清洗油污等，确保各部零件的完整性。

（2）装配时应将各部件按标记复位，并检查轴承盖配合是否合适。

5．注意事项

（1）拆移电动机后，电动机底座垫片要按原位摆放固定好，以免增加钳工加工的工作量。

（2）拆、装转子时，一定要遵守要点的要求，不得损伤绕组，拆前、装后均应测试绕组绝缘及绕组通路。

（3）拆、装时不能用手锤直接敲击零件，应垫铜、铝棒或硬木，对称敲。

（4）装端盖前应用粗铜丝，从轴承装配孔伸入钩住内轴承盖，以便于装配外轴承盖。

（5）清洗电动机及轴承的清洗剂（汽、煤油）不准随便乱倒，必须倒入污油井内。

（6）工作场地须打扫干净，注意文明生产。

任务二　三相电动机直接启动控制电路的安装

图 2-3 所示为三相交流异步电动机的直接启动电路。主电路由闸刀开关 QS、交流接触器 KM 的主触点、热继电器 FR 的热元件以及电动机 M 组成，控制电路由热继电器 FR 的常闭触点、停止按钮 SB_1、启动按钮 SB_2、交流接触器 KM 的常开触点及其线圈构成。这是电动机控制电路中最基本也是最简单的电路。

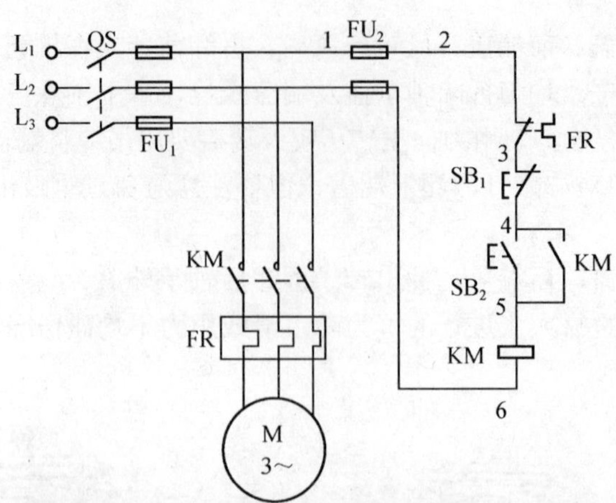

图 2-3　三相交流异步电动机的直接启动电路

1．电动机的启动

（1）电动机的启动

电动机接通电源后，由静止状态逐渐加速到稳定运行状态的过程，称为电动机的启动。三相异步电动机的启动方式有直接启动和降压启动。

（2）直接启动

将额定电压直接加到电动机的定子绕组上，使电动机启动旋转，称为直接启动，也称为全压启动。

三相异步电动机的启动电流是额定电流的 4～7 倍。对于大容量的电动机，启动电流很大，如采用直接启动，将会引起电网电压的大幅下降，从而影响同一电网其他电气设备的稳定运行，同时电动机本身的启动转距也将显著减小，导致不能启动，因此应采用降压启动。通常电动机容量较小，或电动机容量不超过电源变压器容量的 15%～20%时，都允许直接启动。

2．控制过程分析

（1）首先闭合开关 QS

按下SB_2 → KM线圈得电 → 主电路中KM主触点闭合 → 电动机通电运行
　　　　　　　　　　　└→ KM辅助动合触点（4–5）闭合 → 松开SB_2 →
→ KM动合触点（4–5）不断开 → KM线圈继续通电 → 电动机继续运行

用接触器本身的辅助触点使其线圈保持连续通电的现象，叫做自锁。该常开辅助触点称为自锁触点。

（2）电动机的停止

按下停止按钮SB_1 → KM线圈断电 → KM的主触点断开 → 电动机断电停止

3．电路中的保护环节

短路保护：当主电路或控制电路发生短路故障时，电路应能迅速切断电源。FU_1、FU_2分别作主电路和控制电路的短路保护，当有短路发生时，FU_1、FU_2自动迅速地熔断，切断故障电路，从而起到保护电路的作用。

过载保护：由热继电器 FR 作过载保护。当电动机过载时，流过主电路中热继电器热元件的电流较大，控制电路中动断触点断开，使接触器 KM 的线圈断电，其主触点和自锁触点都断开，从而使电动机断电停止，起到过载保护作用。

失压保护：电动机在正常运行时，如果因为电源电压的消失而使电动机停转，那么，在电源电压恢复时，电动机就有可能自行启动。电动机的自行启动，很容易造成设备或人身事故。防止电源电压恢复时电动机自行启动的保护就叫做失压保护也叫零压保护。

欠压保护：电动机运行过程中，若电源电压下降，电动机的电流就会增大，电压下降严重时，可能烧坏电动机。在接触器自锁电路中，当电源电压下降很多时（一般低于额定电压的 85%），接触器的电磁吸力小于复位弹簧的反作用力，衔铁释放，主触点和自锁触点断开，电动机断电停止，从而实现了欠压保护。

4．点动控制电路

点动是指电动机较短时间的转动，即按下按钮时，电动机才旋转；松开按钮后，电动机即断电停止运行的工作方式。

（1）点动控制的应用

电动机点动控制的应用场合很多，如机床中控制刀架快速移动的电动机就是点动控制的。

（2）电气原理图

电动机点动控制的电气原理图如图 2-4 所示。

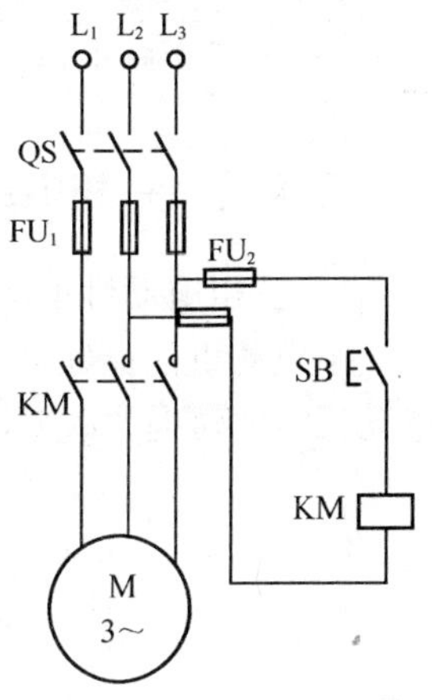

图 2-4　点动控制电气原理图

① 电动机的启动

合上电源开关 QS，接通三相电源。

按下按钮SB ⟶ 控制电路中交流接触器KM的线圈通电 ⟶ 主电路上KM的动合触点闭合 ⟶ 电动机M与电源接通，启动运行。

② 电动机的停止

松开按钮SB ⟶ 交流接触器KM的线圈断电 ⟶ 主电路上KM的3对动合触点断开 ⟶ 电动机M与电源脱离，停止运行。

5．按步骤安装接线

识读电气原理图 2-3，按电路图选择并检测所需的电器元件，记录各元器件的型号、规格、数量，填在电器元件明细表中，见表 2-2。

表 2-2　电器元件明细表

符　号	元件名称	型　号	额定电压	额定电流	数　量	检测情况
QS	刀开关					
FU_1	熔断器					
FU_2	熔断器					
KM_1	交流接触器					
KM_2	交流接触器					
FR	热继电器					
SB	按钮					
M	三相交流电动机					

6．描述工作时的现象

通电试车成功后，请描述工作时的现象，填表 2-3。

表 2-3　　工作现象记录表

操　作	现　象	
	接触器 KM	电动机 M
（1）按下启动按钮 SB_2		
（2）松开按钮 SB_2		
（3）按下停止按钮 SB_1		

任务三　三相电动机正反转控制的电路安装

1．三相电动机正反转控制过程

由电动机的原理可知，三相交流异步电动机的三相电源进线中任意互换其中的两项，则电动机实现转向的改变，电路如图 2-5 所示。

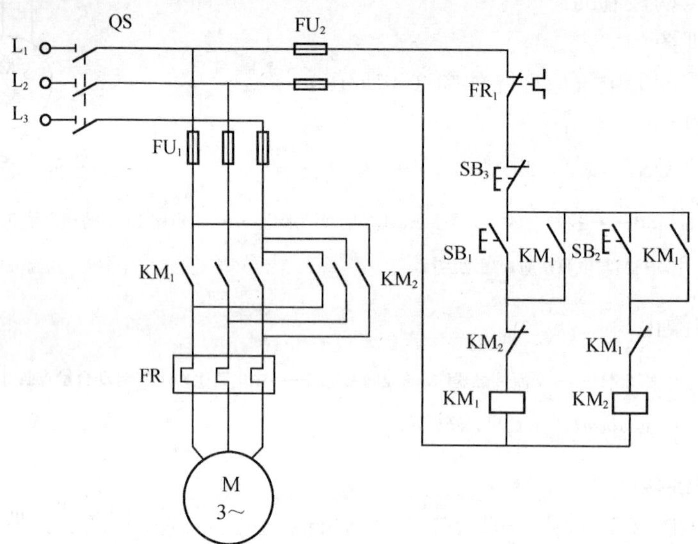

图 2-5　电动机一重互锁正反转电路

先合上电源开关 QS：

① 正转控制

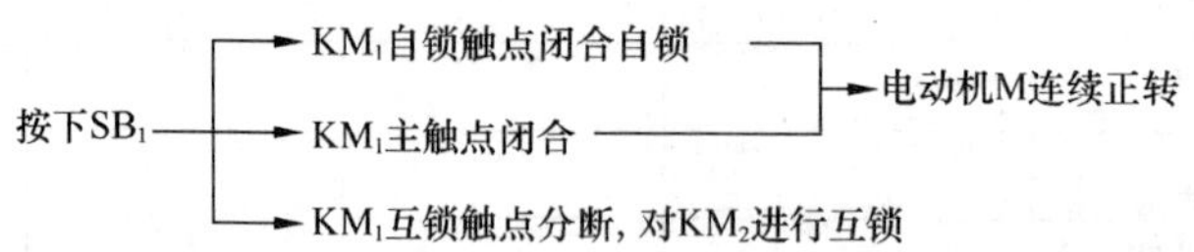

② 反转控制

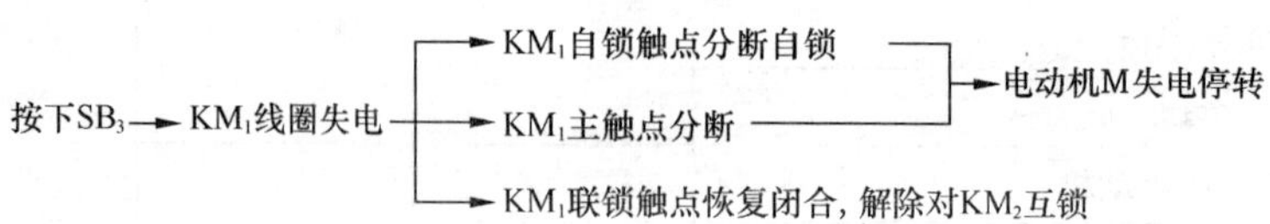

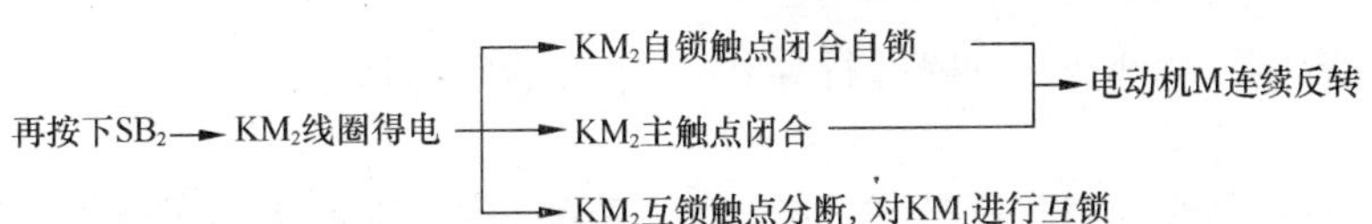

为了避免两只接触器 KM_1 和 KM_2 同时通电动作，造成短路事故，在正反转控制线路中分别串接了对方接触器的一个常闭辅助触点。这样，当一个接触器得电动作时，通过其常闭辅助触点使另一个接触器不能得电动作。接触器间这种相互制约的关系叫接触器互锁（或联锁）。实现互锁作用的常闭辅助触点叫做互锁触点。

③ 停止

按下SB_3 → 控制电路失电 → KM_1（或KM_2）主触点分断 → 电动机M失电停转

从以上电路分析可知，接触器互锁正反转控制线路的优点是工作安全可靠，缺点是操作不便。电动机从正转变为反转时，必须先按下停止按钮后，才能按反转启动按钮，否则由于接触器的互锁作用，将不能实现反转。

2．按钮、接触器双重互锁的正反转控制过程

图 2-6 所示为按钮、接触器双重互锁的正反转控制线路。正常工作时，按下按钮 SB_1，电动机 M 正方向运转，松开按钮后，电动机继续旋转；按下按钮 SB_2，电动机 M 反方向运转，按下停止按钮 SB_3 时，电动机 M 断电停止运行。

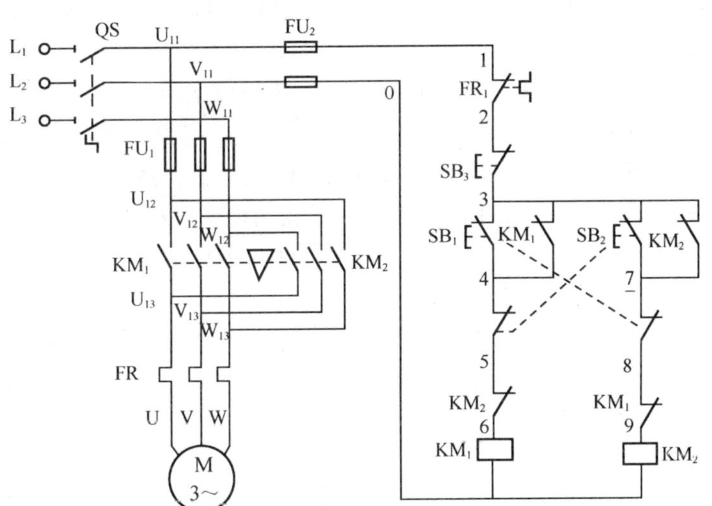

图 2-6　按钮、接触器双重互锁的正反转控制线路

试根据电气原理图完成安装接线及有关故障分析排除。

3．安装步骤及工艺要求

（1）按要求配齐所用电器元件并检验元件质量。对照电路原理图、接线图识别相对应的元器件。

（2）在控制板上安装走线槽和所有电器元件并贴上醒目的文字符号。安装走线槽时，应做到横平竖直、排列整齐匀称、安装牢固和便于走线等。

（3）按接线图的走线方法进行板前明线布线和套编码套管，板前明线布线的工艺要求如下。

① 布线通道尽可能地少，同路并行导线按主、控制电路分类集中，单层密排，紧贴安装面布线。

② 同一平面的导线应高低一致或前后一致，不能交叉。非交叉不可时，应水平架空跨越，但必须走线合理。

③ 布线应横平竖直，分布均匀。变换走向时应垂直。

④ 布线时严禁损伤线芯和导线绝缘层。

⑤ 在每根剥去绝缘层的导线的两端套上编码套管。所有从一个接线端子（或接线桩）到另一个接线端子（或接线桩）的导线必须连接，中间无接头。

⑥ 导线与接线端子或接线桩连接时，不得压绝缘层、不反圈以及不露铜过长。

⑦ 一个电器元件接线端子上的连接导线不得多于两根。

（4）根据电气接线图检查控制板布线是否正确。

（5）安装电动机。

（6）连接电动机和按钮金属外壳的保护接地线（若按钮为塑料外壳，则按钮外壳不需接地线）。

（7）连接电源、电动机等控制板外部的导线。

（8）自检。

① 按电路原理图或电气接线图从电源端开始，逐段核对接线及接线端子处是否正确，有无漏接、错接之处。检查导线接点是否符合要求，压接是否牢固。接触应良好，以免带负载运行时产生闪弧现象。

② 用万用表检查线路的通断情况。检查时，应选用倍率适当的电阻挡，并进行校零，以防短路故障发生。对控制电路的检查（可断开主电路），可将表笔分别搭在 U_{11}、V_{11} 线端上，读数应为“∞”。按下 SB 时，读数应为接触器线圈的电阻值，然后断开控制电路再检查主电路有无开路或短路现象，此时可用手动来代替接触器通电进行检查。

③ 用兆欧表检查线路的绝缘电阻，应不得小于 0.5MΩ。

（9）检查无误后通电试车。

4．按步骤安装接线

识读电气原理图 2-6，按电路图选择并检测所需的电器元件，记录各元器件的型号、规格、数量，填在电器元件明细表中，见表 2-4。

表 2-4　　电器元件明细表

符　号	元件名称	型　号	额定电压	额定电流	数　量	检测情况
QS	刀开关					
FU_1	熔断器					
FU_2	熔断器					
KM_1	交流接触器					
KM_2	交流接触器					
FR	热继电器					
SB	按钮					
M	三相交流电动机					

5．根据所连接的电路描述工作现象

通电试车成功后，请描述工作时的现象，填表 2-5。

表 2-5 工作现象记录表

操　作	现　象			
	KM_1	M_1	KM_2	M_2
（1）按下启动按钮 SB_1				
（2）松开按钮 SB_1				
（3）按下按钮 SB_2				
（4）松开按钮 SB_2				
（5）按下按钮 SB_3				

任务四　三相电动机的调速电路的安装

在很多领域中，要求三相笼型异步电动机的速度能够调节，以便于实现节能和自动控制，从而提高生产效率。三相异步电动机转速公式为：

$$\because\quad S=\frac{n_0-n}{n_0}$$

$$\therefore\quad n=(1-S)n_0=(1-S)\frac{60f}{p}$$

式中，S 为转差率，n_0 电动机同步转速，p 为极对数，f 为供电电源频率。

由以上公式可知，我们可以通过 3 种途径进行调速：改变电源频率 f，改变磁极对数 p，改变转差率 S。前两者是鼠笼式电动机的调速方法，第三者是绕线式电动机的调速方法。

（1）变频调速

变频调速可获得平滑且范围较大的调速效果，且具有硬的机械特性，但须有专门的变频装置（由可控硅整流器和可控硅逆变器组成），设备复杂，成本较高，应用范围不广。

（2）变极调速

变极调速不能实现无级调速，但它简单方便，常用于金属切割机床或其他生产机械上。

（3）转子电路串电阻调速

转子电路串电阻调速是在绕线式异步电动机的转子电路中，串入一个三相调速变阻器进行调速。本任务以变极调速为例介绍，其他调速方法可参考相关书籍。

1．变极调速控制线路

变极调速这一线路的设计思想是通过接触器改变电动机绕组的接线方式来达到调速目的的。变极电动机一般有双速、三速、四速之分，双速电动机定子装有一套绕组，而三速、四速则为两套绕组。电动机变极采用电流反向法。我们以电动机一单相绕组为例来说明变极原理。

图 2-7 表示极数等于 4（p=2）时的一相绕组的展开图，绕组由相同的两部分串联而成，两部分各称做半相绕组，一个半相绕组的末端 X_1 与另一个半相绕组的首端 A_2 相连接。图 2-8 所示为绕组的并联连接方式展开图，则磁极数目减少一半，由 4 极变成 2（p=1）极。从两图中可以看出，串联时两个半相绕组的电流方向相同，都是从首端进、末端出；改成并联后，

两个半相绕组的电流方向相反。当一个半相绕组的电流从首端进、末端出时，另一个半绕组的电流便从末端进、首端出。因此，改变磁极数目是通过将半相绕组的电流反向来实现的。

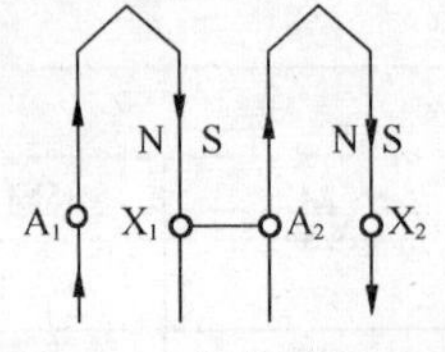

图 2-7 四极绕组展开图

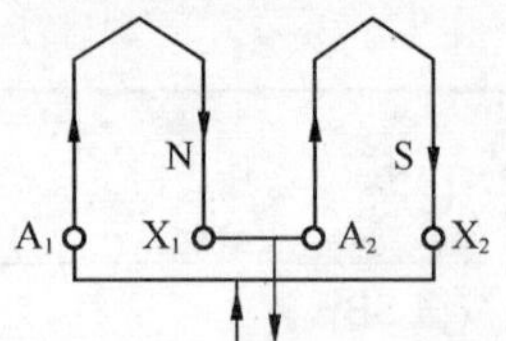

图 2-8 二极绕组展开图

图 2-9 和图 2-10 所示为双速式电动机三相绕组连接图。图 2-9 所示为三角形（四极，低速）与双星形（二极，高速）接法；图 2-10 所示为星形（四极，低速）与双星形（二极，高速）接法。

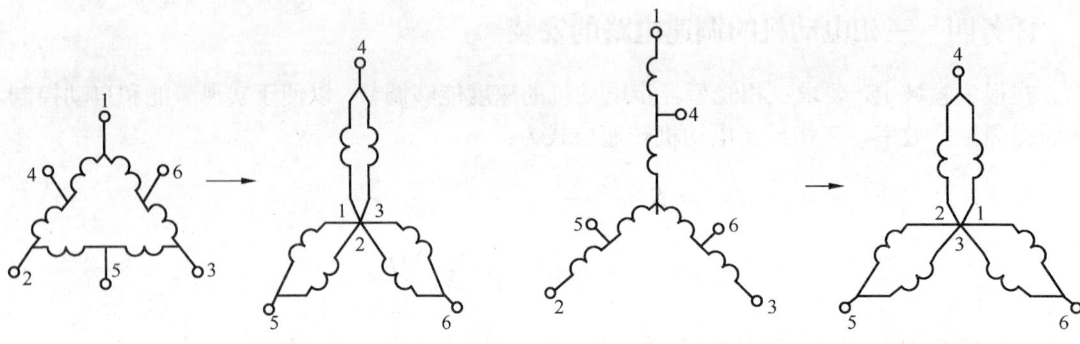

图 2-9 三角形—双星形转换

图 2-10 星形—双星形转换

若低速运行时，电动机三相绕组端子的 1、2、3 端接入三相电源。在高速运行时，4、5、6 端接入三相电源。这会使电动机因变极而改变旋转方向，因此，变极后必须改变绕组的相序。因为各相绕组在空间相差的机械角度是固定不变的，电角度则随着磁极数目改变而改变。例如，磁极数目减少一半，使各相绕组在空间相差的电角度增加一倍，原来相差 120° 电角度的绕组，现在相差 240° 。如果相序不变，气隙磁场就要反转。

双速电动机调速控制线路如图 2-11 所示。图中接触器 KM_1 工作时，电动机为低速运行；接触器 KM_2，KM_3 工作时，电动机为高速运行，注意变换后相序已改变。SB_2、SB_3 分别为低速和高速启动按钮。按低速按钮 SB_2，接触器 KM_1 通电自锁，电动机接成三角形，低速运转。若按高速按钮 SB_3 则直接启动，接触器首先使 KM_1 通电自锁，时间继电器 KT 线圈通电并自锁，电动机则暂时低速运转；当时间继电器 KT 延时时间到，其常闭触点变断开，切断接触器 KM_1 线圈电源，其常开触点变闭合，接触器 KM_2、KM_3 线圈通电自锁，KM_3 的通电（与时间继电器 KT 线圈串联的 KM_3 常闭触点变断开）使时间继电器 KT 线圈断电，故自动切换使 KM_2、KM_3 工作，电动机高速运转，这样先低后高速的控制，目的是降低启动电流。

双速电动机调速的优点是可以适应不同负载性质的要求。如果需要恒功率时可采用三角形—双星形接法；如果需要恒转调速时用星形—双星形接法。双速电动机调速线路简单、维修方便；但缺点是其调速方式为有级调速。变极调速通常要与机械变速配合使用，使其调速范围扩大。

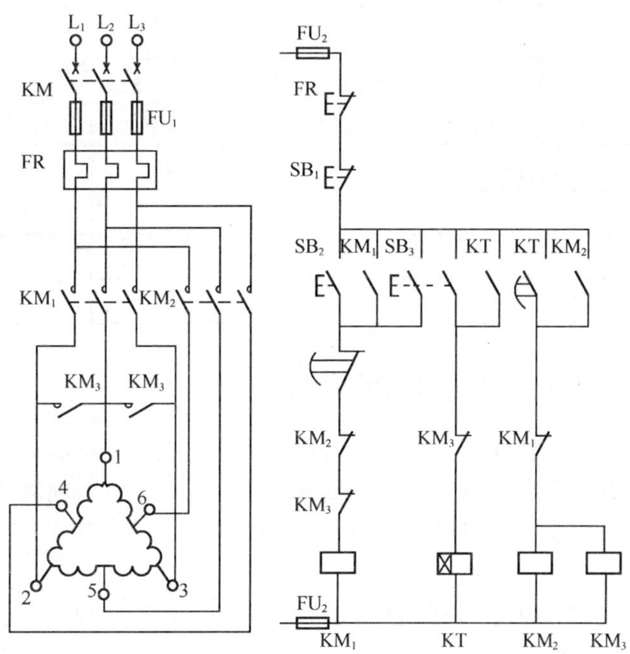

图 2-11　双速电动机调速控制线路

2．按电路安装接线

识读电气原理图 2-11，按电路图选择并检测所需的电器元件，记录各元器件的型号、规格、数量，填在电器元件明细表中，见表 2-6。

表 2-6　电器元件明细表

符　号	元件名称	型　号	额定电压	额定电流	数　量	检测情况
QS	刀开关					
FU_1	熔断器					
FU_2	熔断器					
KM_1	交流接触器					
KM_2	交流接触器					
KM_3	交流接触器					
KT	时间继电器					
FR	热继电器					
SB	按钮					
M	电动机					

3．根据所连接的电路描述工作现象

通电试车成功后，请描述工作时的现象，填表 2-7。

表 2-7　工作现象记录表

操　作	现　象				
	KM_1	KM_2	KM_3	KT	M
（1）按下按钮 SB_2					

续表

操　作	现　象				
	KM_1	KM_2	KM_3	KT	M
（2）松开按钮 SB_2					
（3）按下按钮 SB_3					
（4）松开按钮 SB_3					
（5）按下按钮 SB_1					

任务五　三相电动机的制动电路的安装

制动是给电动机一个与转动方向相反的转矩，促使它在断开电源后很快地减速或停转。对电动机制动，也就是要求它的转矩与转子的转动方向相反，这时的转矩称为制动转矩。常见的电气制动方法有反接制动、能耗制动等。

1．反接制动

反接制动是在电动机正常运转时，改变电动机三相电源的相序，使定子绕组产生的旋转磁场反向旋转，在转子绕组上产生与转子旋转方向相反的制动转矩来使电动机快速停转的一种制动方式。注意，当转子转速接近零时，应及时切断电源，以免电动机反转。采用速度继电器来检测电动机转速，比采用时间继电器要更准确。

为了限制电流，对功率较大的电动机进行制动时必须在定子电路（鼠笼式）或转子电路（绕线式）中接入电阻。

这种方法比较简单，制动力强，效果较好，但制动过程中的冲击也强烈，易损坏传动器件，且能量消耗较大，频繁反接制动会使电动机过热。对有些中型车床和铣床的主轴的制动采用这种方法。

电动机反接制动控制电路的电气原理图如图 2-12 所示。

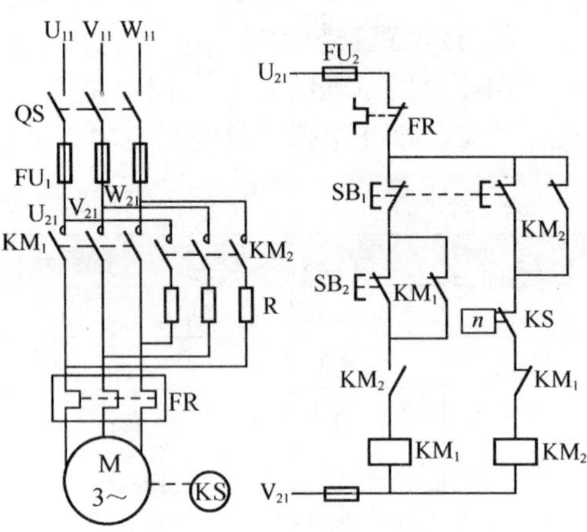

图 2-12　反接制动控制线路

工作过程分析：

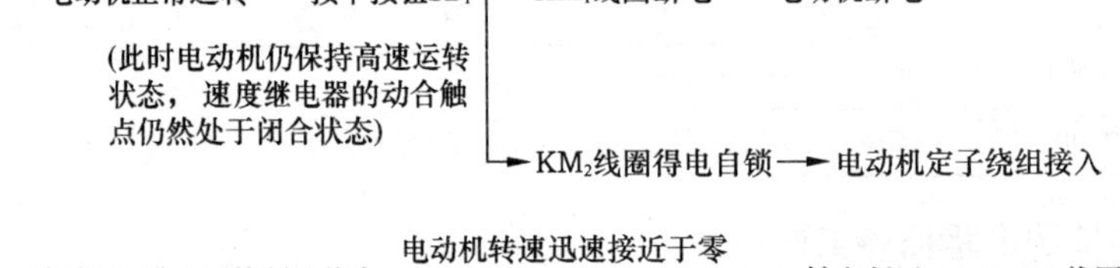

2．能耗制动

电动机脱离三相电源的同时，给定子绕组接入一直流电源，使直流电流通入定子绕组。直流电流的大小一般为电动机额定电流的 0.5～1 倍。这时在电动机中便产生一个方向恒定的磁场，使转子受一个与转子转动方向相反的 *F* 力的作用，于是产生制动转矩，实现制动。

由于这种方法是用消耗转子的动能（转换为电能）来进行制动的，所以称为能耗制动。

这种制动能量消耗小，制动准确而平稳，无冲击，但需要直流电流，在有些机床中采用这种制动方法。

3．按步骤安装接线

识读电气原理图，按电路图 2-12 选择并检测所需的电器元件，记录各元器件的型号、规格、数量，填在电器元件明细表中，见表 2-8。

表 2-8　电器元件明细表

符　号	元件名称	型　号	额定电压	额定电流	数　量	检测情况
QS	刀开关					
FU_1	熔断器					
FU_2	熔断器					
KM_1	交流接触器					
KM_2	交流接触器					
FR	热继电器					
SB	按钮					
M	三相交流电动机					
KS	速度继电器					

4．根据所连接的电路描述工作现象

通电试车成功后，请描述工作时的现象，填表 2-9。

表 2-9　电路工作现象记录表

操　作	现　象			
	接触器 KM_1	接触器 KM_2	速度继电器 KS	电动机 M
（1）按下启动按钮 SB_2				
（2）按下停止按钮 SB_1				
（3）松开停止按钮 SB_1				

任务六　三相电动机的故障及检修

电动机在日常的使用当中，由于维护和使用不当，会产生一些故障，比如通电后电动机不能正常启动，电动机转动速度不正常，在运行过程中有异常响声或震动等。

三相异步电动机的故障一般可分为机械故障和电气故障两种。

机械故障主要有扫膛、振动、轴承过热、损坏等故障。异步电动机定、转子之间气隙很小，容易导致定、转子之间相碰。一般由于端盖轴室内孔磨损或端盖止口与机座止口磨损变形，使机座、端盖、转子三者不同轴引起扫膛。振动应注意先区分是电动机本身引起的，还是传动装置不良所造成的，或者是机械负载端传递过来的，而后针对具体情况进行排除。属于电动机本身引起的振动，多数是由于转子动平衡不好，以及轴承不良，转轴弯曲，或端盖、机座、转子不同轴，或者电动机安装地基不平、安装不到位、紧固件松动造成的。振动会产生噪声，并且还会产生额外负荷。

电气故障主要有定子绕组缺相运行，定子绕组首尾反接，三相电流不平衡，绕组短路和接地，绕组过热和转子断条、断路等故障。其中，电气故障是电动机的主要故障，占总故障的 2/3。三相异步电动机的常见故障与检修方法如下。

（1）通电后电动机不能转动，但无异响，也无异味和冒烟

故障原因：① 电源未通（至少两相未通）；② 熔体熔断（至少两相熔断）；③ 过流继电器调得过小；④ 控制设备接线错误；等等。

检修方法：① 检查电源回路开关，熔断器、接线盒处是否有断点，予以修复；② 检查熔断器型号、判断熔断原因，换新熔体；③ 调节继电器整定值与电动机配合；④ 改正接线。

（2）通电后电动机不转，并且熔体烧断

故障原因：① 缺一相电源，或定子线圈一相反接；② 定子绕组相间短路；③ 定子绕组接地；④ 定子绕组接线错误；⑤ 熔丝截面过小；等等。

检修方法：① 检查刀闸是否有一相未合好，或电源回路有一相断线；消除反接故障；② 查出短路点进行修复；③ 消除接地；④ 查出误接，予以更正；⑤ 更换熔体。

（3）通电后电动机不转有“嗡嗡”声

故障原因：① 定、转子绕组有断路（一相断线）或电源一相失电；② 绕组引出线始末端接错或绕组内部接反；③ 电源回路接点松动，接触电阻大；④ 电动机负载过大或转子卡住；⑤ 电源电压过低；⑥ 小型电动机装配太紧或轴承内油脂过硬；⑦ 轴承卡住；等等。

检修方法：① 查明断点予以修复；② 检查绕组极性，判断绕组末端是否正确；③ 紧固松动的接线螺丝，用万用表判断各接头是否假接，予以修复；④ 减载或查出并消除机械故障，⑤ 检查是否把规定的△误接为 Y，是否由于电源导线过细使压降过大，予以纠正；⑥ 重新装配使之灵活或更换合格油脂；⑦ 修复轴承。

（4）运转声音不正常

故障原因：① 定子绕组局部短路或接地；② 定子绕组接线错误；③ 定、转子绕组相摩擦；④ 轴承损坏或润滑干涸；⑤ 电源电压过高或不平衡。

检修方法：① 查找断路或接地的部位，进行修复；② 检查定子绕组接线，加以纠正；③ 检查定、转子相摩擦的原因及铁芯是否松动，并进行修复；④ 更换轴承或润滑脂。

（5）电动机过热甚至冒烟

故障原因：① 电源电压过高，使铁芯发热大大增加；② 电源电压过低，电动机又带额定负载运行，电流过大使绕组发热；③ 修理拆除绕组时，采用热拆法不当，烧伤铁芯；④ 定、转子铁芯相擦；⑤ 电动机过载或频繁启动；⑥ 笼形转子断条；⑦ 运转中的电动机一相断路，如电源断一相或电机绕组断一相；⑧ 重绕后定子绕组浸漆不充分；⑨ 环境温度高、电动机表面污垢多，或通风道堵塞使电动机的通风不好；等等。

检修方法：① 降低电源电压（如调整供电变压器分接头），若是电机 Y、△接法错误引起，则应改正接法；② 提高电源电压或换粗供电导线；③ 拆开电动机，抽出转子，检查铁芯是否变形，轴是否弯曲，端盖是否过松，轴承是否磨损；④ 消除擦点；⑤ 减载或按规定次数控制启动；⑥ 检查并消除转子绕组故障；⑦ 恢复三相运行；⑧ 采用二次浸漆及真空浸漆工艺；⑨ 清洗电动机，改善环境温度，采用降温措施。

（6）轴承过热

故障原因：① 滑脂过多或过少；② 油质不好含有杂质；③ 轴承损坏或内有异物；④ 轴承内孔偏心，与轴相擦；⑤ 电动机端盖或轴承盖未装平；⑥ 电动机与负载间联轴器未校正，或皮带过紧；⑦ 轴承间隙过大或过小；⑧ 电动机轴弯曲；等等。

检修方法：① 按规定加润滑脂（容积的 1/3～2/3）；② 更换清洁的润滑脂；③ 过松可用黏结剂修复，过紧应车，磨轴颈或端盖内孔，使之适合；④ 修理轴承盖，消除擦点；⑤ 检查轴承或转轴、轴承与端盖的配合状况，进行调整或修复；⑥ 重新校正，调整皮带张力；⑦ 更换新轴承或清除异物；⑧ 校正电动机轴或更换转子。

（7）外壳带电

故障原因：① 接地不良；② 绕组绝缘损坏；③ 绕组受潮；④ 接线板损坏或污垢太多。

检修方法：① 检查故障原因，并采取相应的措施；② 检查绝缘损毁的部位，进行修复，并进行绝缘处理；③ 测量绕组绝缘电阻，如阻值太低，应进行干燥处理或绝缘处理；④ 更换或清理接线板；等等。

二、项目基本知识

知识点一　三相电动机的分类和工作原理

1．三相电动机的分类

① 按三相异步电动机的转子结构形式可分为：鼠笼型电动机和绕线型电动机。

② 按三相异步电动机的防护型式可分为：开启式电动机、防护式电动机、封闭式电动机、防爆式电动机。

③ 按三相异步电动机的通风冷却方式可分为：自冷式电动机、自扇冷式电动机、他扇冷式电动机、管道通风式电动机。

④ 按三相异步电动机的容量可分为：小型电动机、中型电动机、大型电动机。

2．三相异步电动机的结构

三相异步电动机的种类虽然很多，但各类三相异步电动机的基本结构是相同的，它们都由定子和转子这两大基本部分组成，在定子和转子之间具有一定的气隙。此外，还有端盖、轴承、接线盒、吊环等其他附件，如图 2-13 所示。

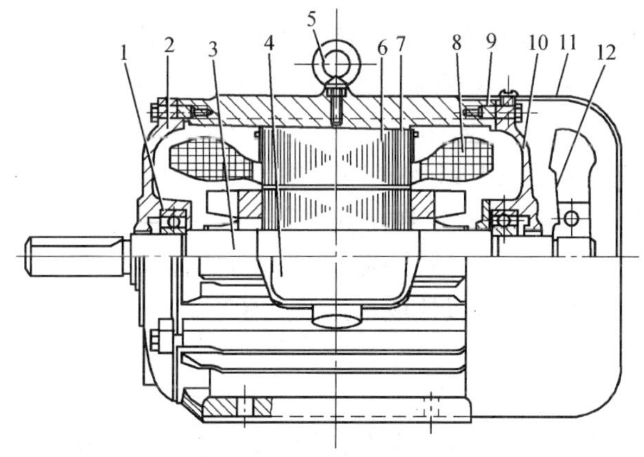

1—轴承；2—前端盖；3—转轴；4—接线盒；5—吊环；6—定子铁芯；7—转子；8—定子绕组；9—机座；10—后端盖；11—风罩；12—风扇

图 2-13　三相笼型异步电动机结构图

（1）定子部分

定子是用来产生旋转磁场的。三相电动机的定子一般由外壳、定子铁芯、定子绕组等部分组成。

① 外壳

三相电动机外壳包括机座、端盖、轴承盖、接线盒及吊环等部件。

机座：铸铁或铸钢浇铸成型，它的作用是保护和固定三相电动机的定子绕组。中、小型三相电动机的机座还有两个端盖支承着转子，它是三相电动机机械结构的重要组成部分。通常，机座的外表要求散热性能好，所以一般都铸有散热片。

端盖：用铸铁或铸钢浇铸成型，它的作用是把转子固定在定子内腔中心，使转子能够在定子中均匀地旋转。

轴承盖：也是铸铁或铸钢浇铸成形的，它的作用是固定转子，使转子不能轴向移动，另外起存放润滑油和保护轴承的作用。

接线盒：一般是用铸铁浇铸的，其作用是保护和固定绕组的引出线端子。

吊环：一般是用铸钢制造的，安装在机座的上端，用来起吊、搬抬三相电动机。

② 定子铁芯

异步电动机定子铁芯是电动机磁路的一部分，由 0.35～0.5mm 厚表面涂有绝缘漆的薄硅钢片叠压而成，如图 2-14 所示。由于硅钢片较薄而且片与片之间是绝缘的，所以减少了由于交变磁通通过而引起的铁芯涡流损耗。铁芯内圆有均匀分布的槽口，用来嵌放定子绕圈。

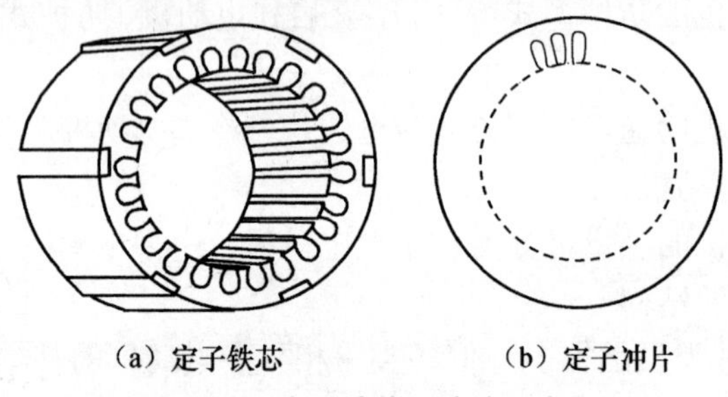

（a）定子铁芯　　（b）定子冲片

图 2-14　定子铁芯及冲片示意图

③ 定子绕组

定子绕组是三相电动机的电路部分，三相电动机有三相绕组，通入三相对称电流时，就会产生旋转磁场。三相绕组由 3 个彼此独立的绕组组成，且每个绕组又由若干线圈连接而成。每个绕组即为一相，每个绕组在空间相差 120° 电角度。线圈由绝缘铜导线或绝缘铝导线绕制。中、小型三相电动机多采用圆漆包线，大、中型三相电动机的定子线圈则用较大截面的绝缘扁铜线或扁铝线绕制后，再按一定规律嵌入定子铁芯槽内。定子三相绕组的 6 个出线端都引至接线盒上，首端分别标为 U_1，V_1，W_1，末端分别标为 U_2，V_2，W_2。这 6 个出线端在接线盒里的排列如图 2-15 所示，可以接成星形或三角形。

（2）转子部分

① 转子铁芯

是用 0.5mm 厚的硅钢片叠压而成，套在转轴上，作用和定子铁芯相同，一方面作为电动机磁路的一部分，一方面用来安放转子绕组。

② 转子绕组

异步电动机的转子绕组分为绕线型与笼型两种，由此分为绕线转子异步电动机与笼型异步电动机。

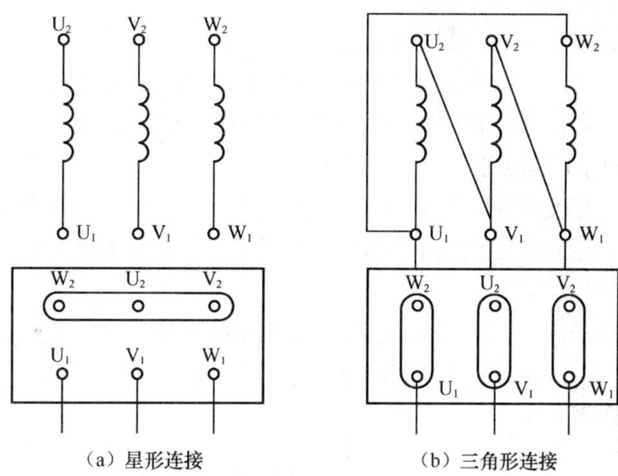

（a）星形连接　　（b）三角形连接

图 2-15　定子绕组的连接

绕线型绕组：与定子绕组一样也是一个三相绕组，一般接成星形，三相引出线分别接到转轴上的 3 个与转轴绝缘的集电环上，通过电刷装置与外电路相连，这就有可能在转子电路中串接电阻或电动势以改善电动机的运行性能，见图 2-16。

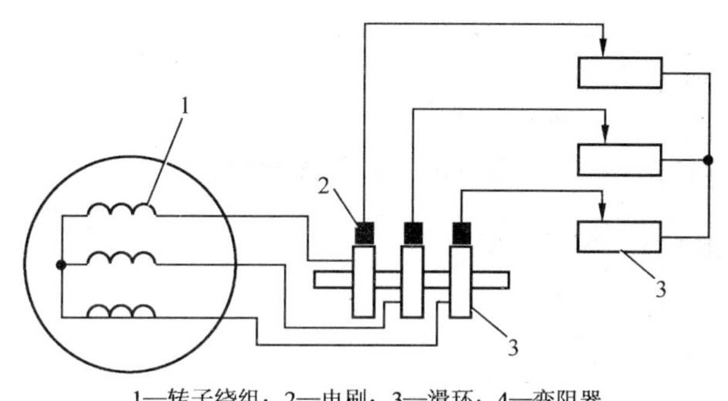

1—转子绕组；2—电刷；3—滑环；4—变阻器

图 2-16　绕线型转子示意图

笼型绕组：这种转子用铜条安装在转子铁芯槽内，两端用端环焊接，形状像鼠笼，如图 2-17 所示。鼠笼式转子导体由铜条做成，两端焊上铜环（称为端环），自成闭合路径。为了简化制造工艺和节省铜材，目前中、小型异步电动机常将转子导体、端环连同冷却用的风扇一起用铝液浇铸而成，具有这种转子的异步电动机称为鼠笼式异步电动机。对于中、小功率的电动机（100kW 以下）目前大部分采用铸铝转子。

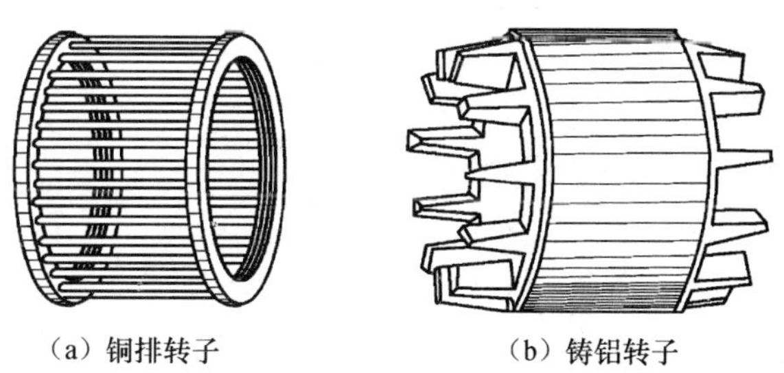

（a）铜排转子　　（b）铸铝转子

图 2-17　笼型转子绕组

（3）其他部分

其他部分包括端盖、风扇等。端盖除了起防护作用外，在端盖上还装有轴承，用以支撑转子轴。风扇则用来通风冷却电动机。三相异步电动机的定子与转子之间的空气隙，一般仅为 0.2～1.5mm。气隙太大，电动机运行时的功率因数降低；气隙太小，使装配困难，运行不可靠，高次谐波磁场增强，从而使附加损耗增加以及使启动性能变差。

3．三相异步电机的工作原理

三相异步电动机又称交流感应式电动机，它靠旋转着的定子磁场切割转子导体产生感应电流，此磁场又对转子感应电流作用而带动转子转动的，从而实现了机电能量的转换。

（1）旋转磁场的产生

三相异步电动机定子三相对称绕组通入三相对称电流便可产生旋转磁场。为分析方便，设三相定子对称绕组 AX、BY 和 CZ 接成 Y 形，如图 2-18 所示。所谓对称是指这 3 个绕组匝数相同，结构一样，互隔 120°。

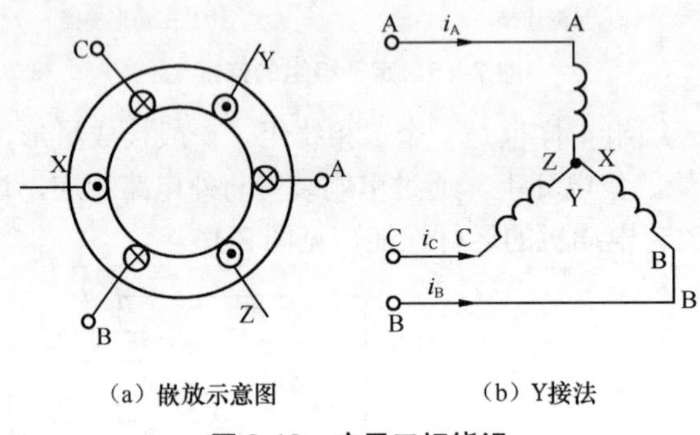

（a）嵌放示意图　　（b）Y接法

图 2-18　定子三相绕组

设三相定子绕组通入的对称三相电流为：

$$i_A = I_m \sin\omega t$$

$$i_B = I_m \sin(\omega t - 120°)$$

$$i_C = I_m \sin(\omega t + 120°)$$

三相电流的波形如图 2-19 所示，并规定电流正方向由始端指向末端，图中实际电流的流入端用⊗表示，流出端用⊙表示。为了分析合成磁场的变化规律，我们任选几个特定时刻：$\omega t = 0$，$\omega t = 120°$，$\omega t = 240°$，$\omega t = 360°$ 进行分析。

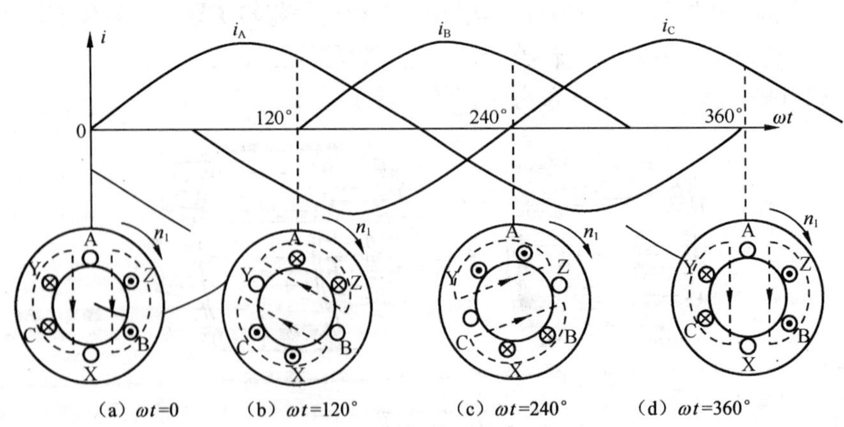

（a）ωt=0　（b）ωt=120°　（c）ωt=240°　（d）ωt=360°

图 2-19　两极旋转磁场的形成

当ωt=0 时，i_A=0，i_B 为负，i_C 为正。依右手螺旋定则，其合成磁场如图中虚线所示。它具有一对（即两个）磁极：N 极和 S 极，且与 A 相绕组平面重合。同理可得在ωt=120°、240°和 360°时的合成磁场如图 2-19 所示。可见，当定子绕组通入对称三相电流后，就产生旋转磁场，且该磁场是随电流的交变而在空间有规律地不断旋转的（两极时，电梳一周期，磁场转一圈）。

（2）旋转磁场的转向

从上面的分析中还可发现，合成磁场的转动方向是由 A 相绕组平面转向 B 相绕组平面再到 C 相绕组平面，周而复始地继续旋转下去。从图 2-19 又可看出，旋转磁场的转向与三相绕相通入三相电流的相序是一致的。所以只要对调 3 根电源线中的任意两相接线，旋转磁场必将反向旋转。

（3）旋转磁场的转速

由以上两极（即极对数 p=1）旋转磁场的分析可知，电流变化一周，磁场也正好在空间旋转一周，若电流频率为 f_1，则两极旋转磁场每分钟的转速为 $n_1=60f_1$（r/min）。

在实际应用中，常使用极对数 $p>1$ 的多磁极电动机。而旋转磁场的极对数与定子绕组的安排有关。若每相绕组至少由两个线圈串联组成，如图 2-20（a）、图 2-20（b）所示，各绕组始端之间在空间相差 60°，则通入对称三相电流后便产生四极旋转磁场，即磁极对数为 p=2。这时由图 2-20（c）、图 2-20（d）分析可知，电流变化一周，旋转磁场在空间只转过 1/2 圈，即转速为

$$n_1=\frac{60f_1}{2}\ (\text{r/min})$$

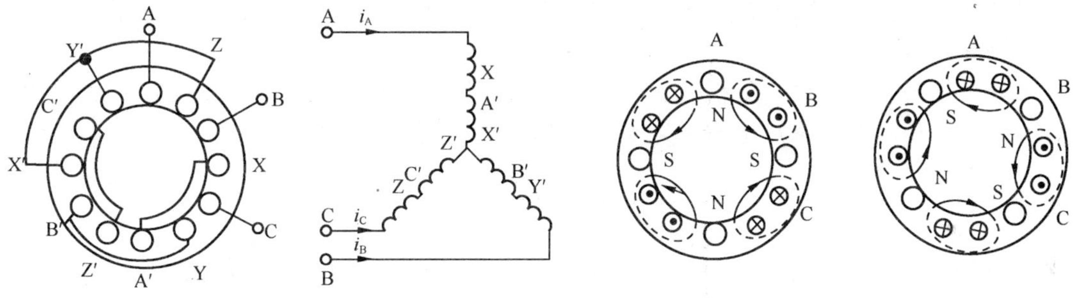

（a）绕组安排　（b）绕组接法　（c）$\omega t=0$时　（d）$\omega t=120°$时

图 2-20　四极旋转磁场

由此可见，只要按一定规律安排和连接定子绕组，就可获得不同极对数的旋转磁场，产生不同的转速，其关系为：

$$n_1=\frac{60f_1}{p}\ (\text{r/min})$$

在我国，工频交流电 f_1=50Hz，所以，不同磁极对数的旋转磁场转速如表 2-10 所示。

表 2-10　不同磁极对数的旋转磁场转速

磁极对数 p	1	2	3	4	5	6
磁场转速 n_1（r/min）	3000	1500	1000	750	600	500

（4）异步转动原理与转差率

① 转动原理

当电动机定子对称三相绕组通入顺序三相电流时，电动机内部就产生一个顺时针方向的旋转磁场。设某瞬间的电流及两极磁场如图 2-21 所示，并以 n_1 转速顺时针旋转。由于转子导体与旋转磁场间的相对运动而在转子导体中产生感应电动势。若把旋转磁场视为静止，则相当于转子导体逆时针方向切割磁力线，感应电动势的方向可用右手定则来判定。因为转子绕组是闭合的，所以会产生与感应电动势同方向的感应电流。这样，上半部转子导体的电流是垂直向外流出来的，下半部则是流进去的。

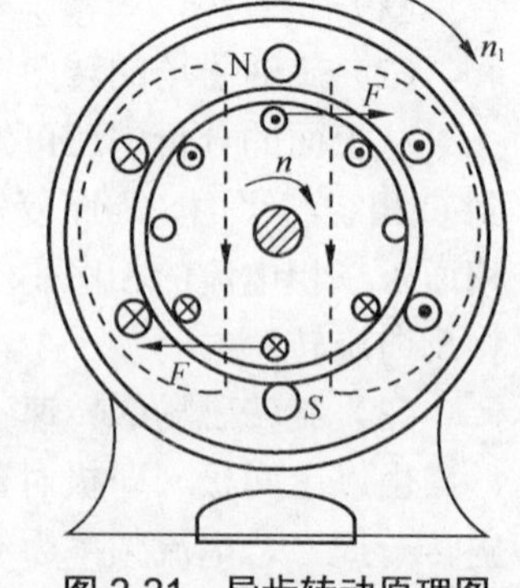

图 2-21 异步转动原理图

正如所知，通电（载流）导体在磁场中要受到电磁力作用，故载有感应电流的转子导体与旋转磁场相互作用便产生电磁力 F，其方向可用左手定则判断。此力对转轴形成一个与旋转磁场同向的电磁转矩，使得转子沿着旋转磁场的方向以 n 的转速旋转起来。

② 转差率

异步电动机转子的转速 n 永远低于旋转磁场的转速 n_1。因为如果 $n=n_1$，转子与旋转磁场间就没有相对运动，转子导体就不切割磁力线，也就没有感应电势和感应电流产生，所以也不会产生电磁转矩使转子转动了。$n \neq n_1$，异步电动机因此得名，n_1 称为同步转速。又因为转子电动势和电流是通过电磁感应产生的，故异步电动机又叫感应电动机。

转子的转速是随着轴上机械负载的变化而略有变化的。当电动机拖动的机械负载转矩增大时，转速 n 将要下降。

旋转磁场与转子转速存在着转速差（n_1-n）是异步电动机工作的一个特点。通常，我们将这个转速差与同步转速 n_1 之比称为转差率，用 s 表示，即

$$s = \frac{n_1 - n}{n_1}$$

它是反映异步电动机运行情况的一个重要物理量。当异步电动机接通电源启动瞬间 $n=0$，所以 $s=1$。电动机转差率的变化范围为：$0 < s \leqslant 1$。

中、小型电动机在额定运行时的转差率一般为 $s_N \approx$（0.02～0.06）。

知识点二　电气控制系统图

电气控制系统中各电器元件及其连接关系的图称为电气控制系统图。电气系统图由电动机、电器元件和电路组成。为了便于设计、分析、安装调试和维修，电气系统图中的图形符号和文字符号必须使用国家统一规定的最新标准来表示。国家标准局参照国际电工委员会（IEC）文件制定了电气设备的有关国家标准，如 GB/T4728—2005《电气图用图形符号》、GB-T6988—1997《电气技术用文件的编制》和 GB/T7159—87《电气技术中的文字符号制订通则》。

常用的电气控制系统图包括电气原理图、电器元件布置图和接线图 3 类。

1．电气原理图

电气原理图是用来表示电气线路的工作原理及各电器元件之间的相互作用和关系的图，它并不反映各电器元件的结构尺寸、实际安装位置和实际接线情况。电气原理图适用于分析

研究电路的工作原理，且作为其他电气图的依据，在设计部门和生产现场得到广泛的应用。现以图 2-22 所示的 CA6140 型车床电气原理图为例来阐述电气原理图的组成及绘制原则。

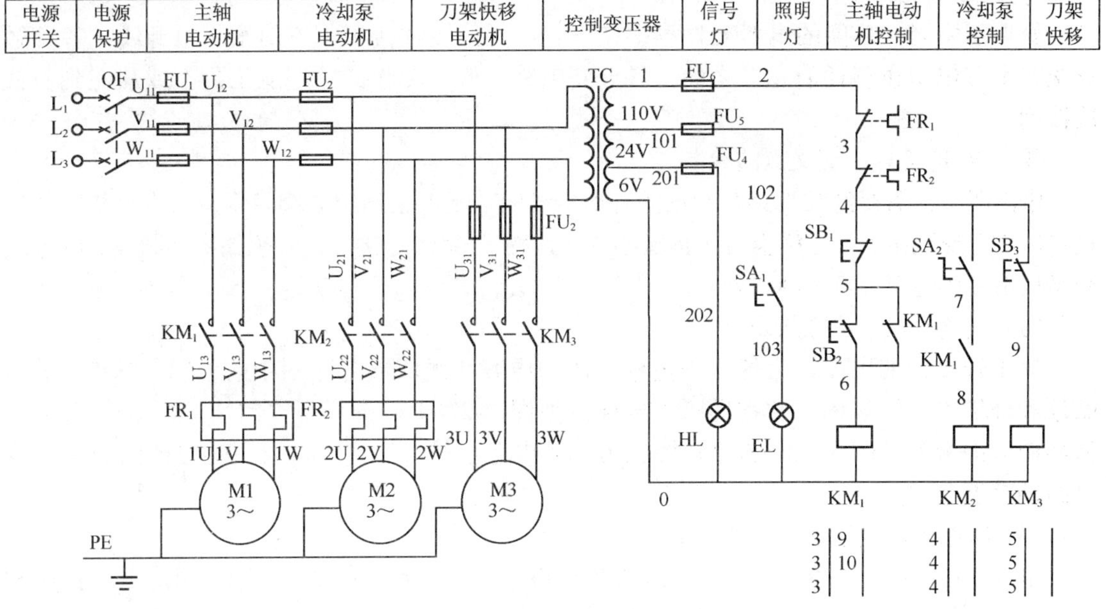

图 2-22　CA6140 型普通车床的电气原理图

（1）电气原理图的组成

电气原理图一般由电源电路、主电路、控制电路和辅助电路等组成。

① 电源电路由电源保护电器和电源开关组成，为后续电路提供电能。

② 主电路是从电源到电动机的动力电路，由电动机及其保护电器组成。它直接输出功率，且通过较大电流。

③ 控制电路是由按钮、电器元件的线圈、接触器和继电器的触点等组成的，是具有逻辑判断、记忆、顺序动作等作用的电路，通过的电流为小电流。

④ 辅助电路由变压器、整流电源、照明灯和信号灯等的低压电路组成。通过的电流也为小电流。

（2）绘制电气原理图应遵循的原则

① 各种电路的总体布局

电气原理图应按电源电路、主电路、控制电路、照明与信号电路的顺序分开绘制。电源电路一般用水平线画在图面的上方；主电路垂直于电源线画在电路的左侧；控制电路、照明和信号电路画在右侧，垂直画在两条水平电源线之间。

② 电器元件的画法

同一电器元件的不同导电部位（如线圈和触点）常不画在一起，但用统一的文字符号标明。几个同类的电器元件，在文字符号之后加上数字序号，以示区别。

③ 电器元件触点的画法

电气原理图中各种电器元件的触点应按平常状态绘制。如接触器、电磁式继电器等触点是线圈未通电时的状态；按钮、行程开关等触点是没有受到外力作用时的状态；开关电器触点按断开状态画出。当元件触点的图形符号垂直放置时，以“左开右闭”原则绘制，即垂直线左侧的触点为常开触点，右侧的为常闭触点；当图形符号水平放置时，以“上闭下开”原则绘制，即水平线上方的触点为常闭触点，下方的为常开触点。

④ 原理图的布局

原理图中同一功能的电器元件集中在一起，耗能元件接于下方的水平电源线，各种触点接在上方电源线和耗能元件之间，各分支电路一般按动作的顺序从上到下或从左到右依次排列。

⑤ 线路连接点、交叉点的绘制

电路图中，需要经常拆接与测试的外部引线的端子，采用空心圆表示；有直接接线的连接点，“T”形连接点，可标也可不标实心圆点，“十”字形连接点，必须加实心圆点；两导线交叉但不连接的交叉点不画黑圆点。

（3）电气原理图图区的划分

对于较复杂的电路，为便于确定原理图的内容和组成部分在图中的位置，从而检索、阅读和分析电气原理图，常在图纸上分区。如图 2-22 中，图样下方的 1、2、3 等数字即为各图区的编号，图区对应的原理图上方的“电源保护”等字样，表明对应图区的元件或电路的功能。

（4）继电器、接触器触点位置的索引

电气原理图中，在继电器、接触器线圈的下方，给出触点的文字符号，并在其下注明相应触点在图中位置的索引代号，索引代号用图区号表示。对于未使用的触点，用“×”表示，也可以不画。如图 2-22 中，图样 KM_1 线圈下方的

	KM_1	
3	9	
3	10	
3		

是接触器 KM_1 相应触点的位置索引。

对于接触器，各栏的含义如下：

左　栏	中　栏	右　栏
主触点所在的图区号	动合辅助触点所在的图区号	动断辅助触点所在的图区号

对于继电器，各栏的含义如下：

左　栏	右　栏
动合辅助触点所在的图区号	动断辅助触点所在的图区号

2．电气设备安装布置图

电气设备安装图表示电气设备或元器件在机械设备和电器控制柜中的实际安装位置。各电气元件的安装位置是由机床的结构和工作要求决定的，拖动、执行、检测等器件应安装在生产机械的相应工作部位；控制按钮、操作开关、经常调节的电位器、指示灯、指示仪表等安装在控制面板上；行程开关应放在能取得信号的位置；控制电器、保护电器等安装在控制柜内。

图 2-23 所示为 CA6140 车床电器柜内的电器布置图。

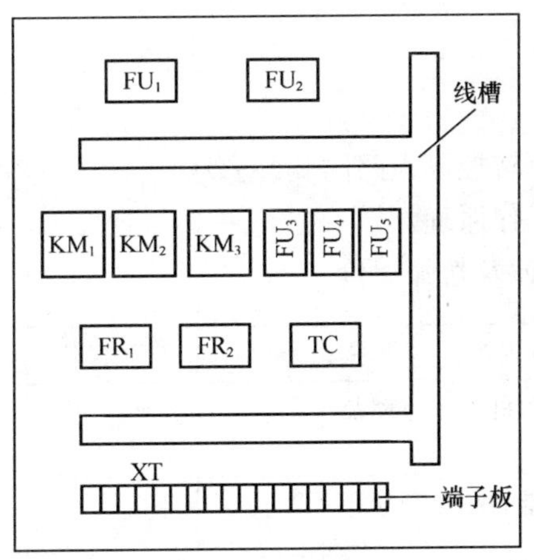

图 2-23 CA6140 车床电器柜内电器布置图

3．电气接线图

电气接线图表示各电气设备和各元器件之间的实际接线情况。电气接线图是根据电气原理图、电器元件布置图绘制的，绘制接线图时，应把各电器元件的各个部件（如触点和线圈）画在一起，文字符号、元件连接关系、线路编号等都必须与电气原理图一致，不在同一控制柜或操作台上的电器元件的电气连接必须通过端子排进行，各接线端子的编号应与电气原理图的导线编号一致。

电气设备安装图和电气接线图主要用于安装接线、线路检查维护及故障处理等。如图 2-24 所示为某车床电器柜外连部分的电气接线图，图中画出了电器柜、操作面板等的之间的接线情况。

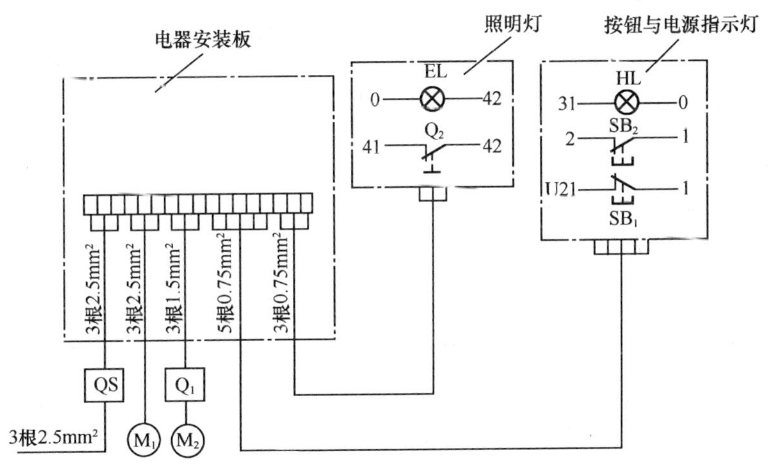

图 2-24 某车床外连部分电气接线图

项目学习评价

一、思考练习题

1．简述三相电动机正反转控制电路的安装方法。

2．简述三相电动机的工作原理。

二、自我评价、小组互评及教师评价

评价项目	项目评价内容	分值	自我评价	小组评价	教师评价	得分
理论知识	① 掌握三相电动机工作原理及结构特点	10				
	② 掌握各种电器的图形符号和文字符号	10				
实操技能	① 能正确看懂各种控制电路图	15				
	② 能正确连接控制电路	15				
	③ 能熟练排除故障	15				
安全文明生产	① 正确使用仪表、工具	5				
	② 工具的使用及放置	5				
	③ 卫生保持	5				
学习态度	① 出勤情况	5				
	② 实验室纪律	5				
	③ 团队协作精神	10				

三、个人学习总结

成功之处	
不足之处	
改进方法	

项目三　单相交流电动机的拆装与控制

项目情境创设

单相交流电动机为小功率电动机，凡是有 220V 交流电的地方都要用到，其结构简单、成本低廉、噪声小、移动和安装方便，因而广泛应用于工业、农业、办公场合，且大量应用于家庭中，如电风扇、洗衣机、电冰箱、空调、吸尘器。在使用过程中我们需要对这些电机进行控制，为了进行更好控制，需要了解理论知识，还要学习单相电动机的维修知识，学会拆装方法。

项目学习目标

项目学习目标		学习方式	学时
技能目标	① 认识单相交流电动机的结构 ② 正确使用常用电工工具 ③ 能正确拆装单相交流电动机 ④ 能正确检测和维护单相交流电动机 ⑤ 能正确检测和识别单相交流电动机的控制方式	学生实际拆装、检测常用单相交流电动机，教师指导演示、调试和维修	4 课时
知识目标	① 掌握各种单相交流电动机的工作原理 ② 掌握单相交流电动机的结构与组成	教师讲授重点：单相交流电动机的结构与组成	4 课时

项目基本功

一、项目基本技能

任务一　单相电动机的结构与拆装

1．单相电动机的结构

单相异步电动机（如图 3-1 所示）的结构与三相异步电动机相似，大体分为两大主要部分：即定子和转子。定子主要由机壳（一般由铸铁、铝合金或钢板等制成，有些体积小、外形要求高的电动机机壳也有用型材直接加工而成的）、定子绕组、定子铁芯组成；转子为鼠笼式；另外还有端盖、风扇等。其主要结构如图 3-2 所示。

（1）机座

机座结构随电动机冷却方式、防护形式、安装方式和用途而异。按其材料分类，有铸铁、铸铝和钢板结构等几种。铸铁机座，带有散热筋。机座与端盖连接，用螺栓紧固。铸铝机座一般不带有散热筋。钢板结构机座是由厚为 1.5～2.5mm 的薄钢板卷制、焊接而成，再焊上钢板冲压件的底脚。有的专用电动机的机座相当特殊，如电冰箱的电动机，它通常与压缩机一起装在一个密封的罐子里。而洗衣机的电动机，包括甩干机的电动机，均无机座，端盖直接固定在定子铁芯上。

图 3-1　单相异步电动机

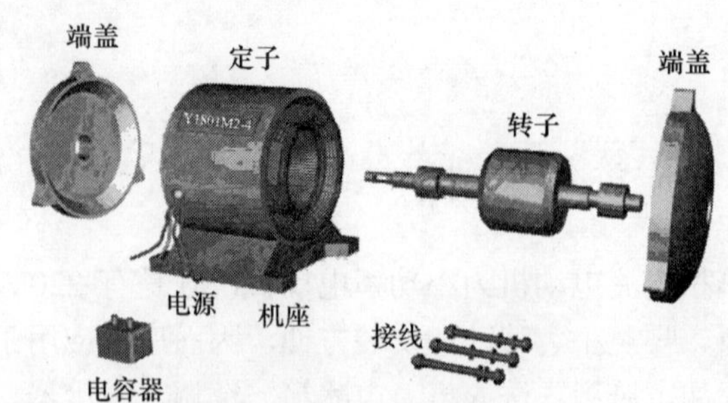

图 3-2　单相异步电动机的主要结构

（2）铁芯

铁芯包括定子铁芯和转子铁芯，作用与三相异步电动机一样，是用来构成电动机的磁路。

（3）绕组

单相异步电动机定子绕组常做成两相：主绕组（工作绕组）和副绕组（启动绕组）。两种绕组的中轴线错开一定的电角度。目的是为了改善启动性能和运行性能。定子绕组多采用高强度聚酯漆包线绕制。转子绕组一般采用笼型绕组，常用铝压铸而成。

电动机的定子由定子铁芯和定子绕组构成，如图 3-3 所示。

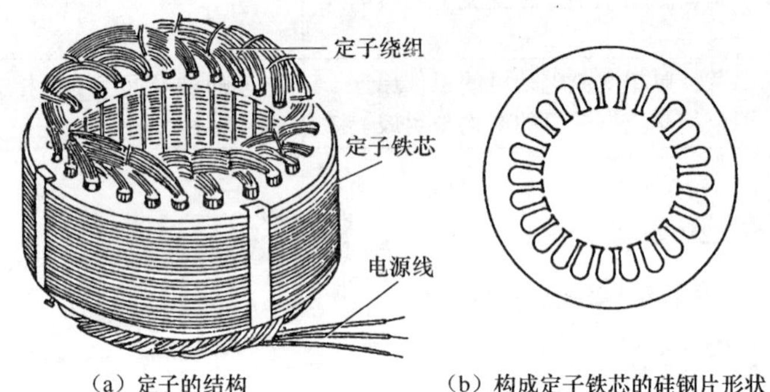

（a）定子的结构　　（b）构成定子铁芯的硅钢片形状

图 3-3　电动机定子

转子由转子铁芯、转子绕组和转轴构成，如图 3-4 所示。转子绕组一般有笼形转子和绕线式转子绕组两种。

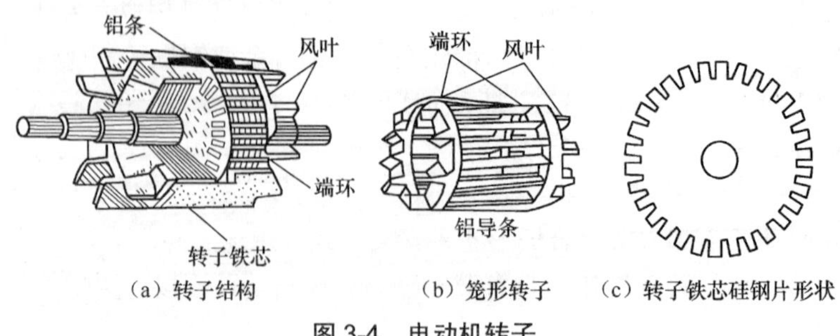

（a）转子结构　　（b）笼形转子　　（c）转子铁芯硅钢片形状

图 3-4　电动机转子

（4）端盖、轴承

根据不同的机座材料，端盖也有铸铁件、铸铝件和钢板冲压件之分。轴承有滚珠轴承和含油轴承。

（5）离心开关或启动继电器和 PTC 启动器

① 离心开关

在单相异步电动机中，除了电容运转电动机外，在启动过程中，当转子转速达到同步转速的 70%左右时，常借助于离心开关，切除单相电阻启动异步电动机和电容启动异步电动机的启动绕组，或切除电容启动及运转异步电动机的启动电容器。离心开关一般安装在轴伸端盖的内侧。

② 启动继电器

有些电动机，如电冰箱电动机，由于它与压缩机组装在一起，并放在密封的罐子里，不便于安装离心开关，就用启动继电器代替。继电器的吸铁线圈串联在主绕组回路中，启动时，主绕组电流很大，衔铁动作，使串联在副绕组回路中的动合触点闭合。于是，副绕组接通，电动机处于两相绕组运行状态。随着转子转速上升，主绕组电流不断下降，吸引线圈的吸力下降。当到达一定的转速，电磁铁的吸力小于触点的反作用弹簧的拉力时，触点被打开，副绕组就脱离电源。

③ PTC 启动器

最新式的启动元件是“PTC”，它是一种能“通”或“断”的热敏电阻。PTC 热敏电阻是一种新型的半导体元件，可用作延时型启动开关。使用时，将 PTC 元件与电容启动或电阻启动电动机的副绕组串联。在启动初期，因 PTC 热敏电阻尚未发热，阻值很低，副绕组处于通路状态，电动机开始启动。随着时间的推移，电动机的转速不断增加，PTC 元件的温度因本身的焦耳热而上升，当超过居里点 T_c（即电阻急剧增加的温度点）时，电阻剧增，副绕组电路相当于断开，但还有一个很小的维持电流，并有 2～3W 的损耗，使 PTC 元件的温度维持在居里点 T_c 值以上。当电动机停止运行后，PTC 元件温度不断下降，约 2～3min 其电阻值降到 T_c 点以下，这时有可以重新启动，这一时间正好是电冰箱和空调机所规定的两次开机间的停机时间。

PTC 启动器的优点：无触点、运行可靠、无噪声、无电火花，防火、防爆性能好，且耐震动、耐冲击、体积小、重量轻、价格低等。

填写电动机的构造表 3-1。

表 3-1 电动机的构造

电动机的构造		
序号	名称	作用
1		
2		
3		
4		
5		

2．单相异步电动机的分类及用途

单相异步电动机可分为单相电阻分相（启动）异步电动机、单相电容分相（启动）异步电动机、单相电容运转异步电动机、单相电容启动兼运转异步电动机和单相罩极式异步电动机。

单相电阻分相（启动）异步电动机主要应用于小型车床、鼓风机、医疗器械等设备中。单相电容分相（启动）异步电动机主要应用于小型空气压缩机、电冰箱、磨粉机、水泵及满载启动机械中。单相电容运转异步电动机主要应用于电风扇、录音机、通风机以及一些轻载或空载启动机械中。单相电容启动兼运转异步电动机主要应用于家用电器、小型泵、小型机床等。单相罩极式异步电动机主要应用于小型风扇、电唱机、录音机、电动模型及各种轻载启动的设备中。

3．单相电动机的拆卸

（1）电动机的拆卸步骤

拆卸前应清理好场地，准备好工具，并在接头线、端盖与外壳、轴承盖与端盖等上做好标记，以免装配时弄错。拆卸电动机的一般步骤如下：

① 卸下皮带或脱开联轴器的连接销；

② 拆下接线盒内的电源接线和接地线；

③ 卸下皮带轮或联轴器；

④ 卸下底脚螺母和垫圈；

⑤ 卸下前轴承外盖；

⑥ 卸下前端盖；

⑦ 拆下风叶罩；

⑧ 卸下风叶；

⑨ 卸下后轴承外盖；

⑩ 卸下后端盖；

⑪ 抽出转子；

⑫ 拆下前后轴承及前后轴承的内盖。

下面以电吹风电动机的拆装为例，说明如下。

电吹风的工作环境比较差，温升比较高，因此，电吹风内的电动机常产生定子短路、断路或漏电等故障，这些故障，可以用万用表的欧姆挡测量出来。电动机产生定子短路、断路或漏电等故障时，需要拆卸进行修理；另外，转子和定子相碰、转子和定子有杂物、轴向间距大、轴承磨损严重等故障，也要拆开修理。

电吹风的拆卸顺序如下。

① 把电动机从电吹风里拆卸下来，旋下固定扇叶的两个紧固螺钉，取下扇叶。

② 旋下两个支架紧固螺母，用笔记下前后轴承支架的位置，以便于组装时按原样安装；记好后，取下前后轴承支架。

③ 从定子铁芯中取出转子，从转轴上取下垫圈，记下轴承前半部和后半部的垫圈数；把垫圈放入汽油里洗干净，用布蘸汽油把转轴擦洗干净。

④ 把定子铁芯夹在台钳上，用铁棍和锤子把插在两个凸极间的两块铁片冲出。安装这两块铁片的目的是为了改善磁场结构，使得电动机有较好的启动性能。

⑤ 如果定子绕组没有损坏，可以不卸下线圈；如果有短路、断路或漏电现象，要卸下线圈。为此，要把定子铁芯加热到70～80℃，等线圈变软，趁热把线圈卸下。

⑥ 旋下轴承盖的紧固螺钉，取下轴承盖、弹簧片、含油球形轴承和毛毡。把这些零件泡在

汽油里，用刷子清洗干净，并用干布擦干，把含油球形轴承和毛毡泡在20号机油里。填表3-2。

表3-2　　电吹风电动机的拆卸步骤

拆卸步骤	主要零部件	
	名称	作用

（2）主要零部件的拆装方法

① 皮带轮或联轴器的拆装

拆卸时，先在皮带轮或联轴器与转轴之间做好位置标记，拧下固定螺钉和销子，然后用拉具慢慢地拉出。如果拉不出，可在内孔浇点煤油再拉。如果仍拉不出，可用急火围绕皮带轮或联轴器迅速加热，同时用湿布包好轴，并不断浇冷水，以防热量传入电动机内部。装配时，先用细铁砂布把转轴、皮带轮或联轴器的轴孔砂光滑，将皮带轮或联轴器对准键槽套在轴上，用熟铁或硬木块垫在键的一端，轻轻将键敲入槽内。键在槽内要松紧适度，太紧或太松都会伤键和伤槽，太松还会使皮带打滑或振动。

② 轴承盖的拆装

拆卸轴承外盖很简单，只要拧下固定轴承盖的螺钉，就可取下前后轴承外盖。前后两个轴承外盖要分别标上记号，以免装配时前后装错。轴承外盖的装配方法是：将外盖穿过转轴套在端盖外面，插上一颗螺钉，一手顶住这颗螺钉，一手转动转轴，当轴承内盖也跟着转到与外盖的螺钉孔对齐时，便可将螺钉顶入内盖的螺孔中并拧紧，最后把其余两颗螺钉也装上拧紧。

③ 端盖的拆装

拆卸前，应在端盖与机座的接缝处做好标记，以使复原。然后拧下固定端盖的螺钉，用螺丝刀慢慢地撬下端盖（拧螺钉和撬端盖都要按对角线均匀对称地进行）。前后端盖要做上记号，以免装配时前后搞错。装配时，对准机壳和端盖的接缝标记，装上端盖。插入螺钉拧紧（要按对角线对称地旋进螺钉，而且要分几次旋紧，且不可有松有紧，以免损伤端盖）。同时要随时转动转子，以检查转动是否灵活。

④ 转子的拆装

前后端盖拆掉后，便可抽出转子。由于转子很重，应注意切勿碰坏定子线圈。对于小型电动机转子，抽出时要一手握住转子，把转子拉出一些，再用另一只手托住转子，慢慢地外移。对于大型电动机，抽出转子时要两人各抬转子的一端，慢慢外移。装配时，要按上述逆过程进行，要对准定子腔中心小心地送入。

⑤ 滚动轴承的拆装

拆卸滚动轴承的方法与拆卸皮带轮类似，也可用拉具来进行。如果没有拉具，可用两根铁扁担夹住转轴，使转子悬空，然后在转轴上端垫木块或铜块后，用锤敲打使轴承脱开拆下，在操作过程中注意安全。装配时，可找一根内径略大于转轴外径的平口铁管套入转轴，使管壁正好顶在轴承的内圈上，便可在管口垫木块用手锤敲打。使轴承套入转子定位处。注意轴承内圆与转轴间不能过紧。如果过紧，可用细砂布打磨转轴表面四周，要均匀地打磨，使轴承套入后能保持一般的紧密度即可。另外，轴承外圈与端盖之间也不能太紧。 在总装电动机时要特别注意，如果没有将端盖、轴承盖装在正确位置，或没有掌握好螺钉的松紧度和均匀度，都会引起电动机转子偏心，造成扫膛等不良运行故障。

将电动机主要零部件的拆卸步骤填入表 3-3。

表 3-3　　电动机主要零部件拆卸步骤

拆卸步骤	主要零部件	
	名称	作用

4．单相电动机的安装

装配工序与拆卸顺序相反。装配时，要注意检查定子内部有无杂物。拆开电动机后，要检查每个零件有无损坏。如果有短路、断路或漏电等故障，要更换线圈。如果含油球形轴承磨损严重，要更换含油球形轴承。如果凸板上有短路铜环开裂，要重新焊接好。零件检查并更新后，按照如下顺序组装。

① 把定子绕组的两个线圈分别套在两个凸板上，套入的时候要特别注意线圈的穿入穿出的方向，以保证形成一对 N 极和 S 极。套好后要把线圈整理成喇叭口状。再把两块铁片重新嵌入到两个凸板之间，然后对整个定子进行预烘干、浸漆和烘干等处理。

② 把毛毡套在含油球形轴承上，并将其放入轴承支架的轴承座里。把弹簧片调整一下，以增加弹力，再套在含油球形轴承上。盖上轴承盖，用轮流逐渐旋紧的方法旋紧紧固螺钉。螺钉旋紧后再退回半圈左右，使球形轴承能够转动，以便调整同心度。

③ 把前含油球形轴承套在转轴前半部上，后含油球形轴承套在转轴后半部上。用左手把前后轴承平行压紧在定子铁芯上，右手握紧转轴做轴向来回移动，检查轴向间隙，并观察转子在定子铁芯里的前后位置，如果轴向间隙不合适，可以通过增减转轴上的垫圈数来调整。

④ 轴向间隙调好后，采用轮流逐渐紧固的方法，旋紧固定支架的两颗紧固螺钉螺母。在旋紧的过程中，要注意转子和定子之间的间隙要均匀。如果不均匀，可以适当调整轴承支架的位置；如果调整不过来，可以调换支架的上下位置，或者调整前后支架，直到间隙均匀为止。

⑤ 用手旋转转子，应能灵活转动。

⑥ 电动机组装后，要用万用表欧姆挡检查每个线圈的直流电阻。由于两个线圈的线径和匝数是完全相同的，因此两个线圈的直流电阻应该完全相同。如果测得两个线圈的电阻值相差很大，说明阻值小的那个线圈有局部的短路现象。用 500V 的摇表检查定子绕组的绝缘电阻。如果都合格就可以通电运转了。如果通电后有“嗡嗡”的响声，但转子不动，应立即切断电源，检查原因。这可能是线圈的方向套错了，只要把一个线圈翻过来就可以了。

⑦ 用紧固螺钉把扇叶固定在电动机转轴上。扇叶的位置要合适，不要太靠前也不能太靠后。

⑧ 把电动机装回电风扇里，全面检查电吹风的性能，合格后方能使用。

单相电动机的安装图示，见图 3-5。

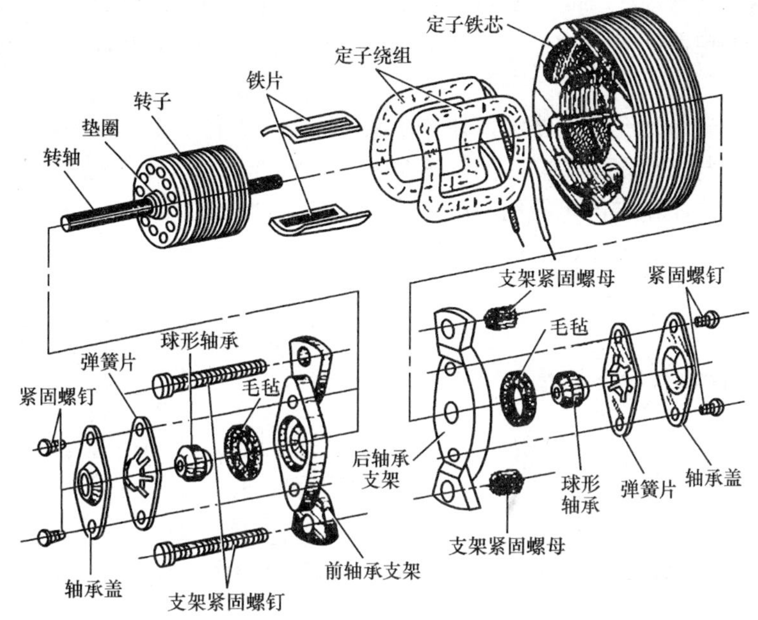

图 3-5 单相电动机的安装

⑨ 填写单相交流电动机的安装记录，见表 3-4。

表 3-4 单相交流电动机的安装记录

安装步骤	主要零部件	
	名称	作用

任务二 单相电动机的电容式启动电路

几乎所有的小型交流电动机都是单相电动机。对于一台电器设备，人们毕竟不能靠用外力推动的方法来启动它的电动机，如何使电动机在电源加上的瞬间即可运行起来呢？其关键在于电源加上以后使转子处于旋转磁场之中。为了产生这个旋转磁场，使电动机通电后自行启动，电动机的定子绕组除工作绕组外，还必须有启动绕组。电动机启动的关键点在于建立稳定的旋转磁场。不同的电动机产生磁场的方法也不尽相同，常见的是电容式启动单相电动机。

在单相异步电动机中，定子上装有启动绕组，用于提供第二个磁动势。第一个磁动势由定子主绕组产生。单相异步电动机只有一个绕组（工作绕组），不能产生启动转距，不能自启动。为了解决这个问题，在空间上不同于工作绕组的位置安装一个启动绕组，如图 3-6 所示，且使得该绕组中的电流在时间相位上不同于工作绕组中的电流。常用启动方法是列相（分相）启动。

在定子绕组上安装一套启动绕组，使之在电角度上与工作绕组相差 90°。启动绕组与电容或电阻串联后再与工作绕组并联，如图 3-7 所示。选择适当大小的电容可以使得启动绕组中的电流超前于工作绕组中的电流约 90° 相角。这样，两组磁动势可以在气隙中产生接近于圆形的磁动势和磁场，并产生一定的启动转矩。

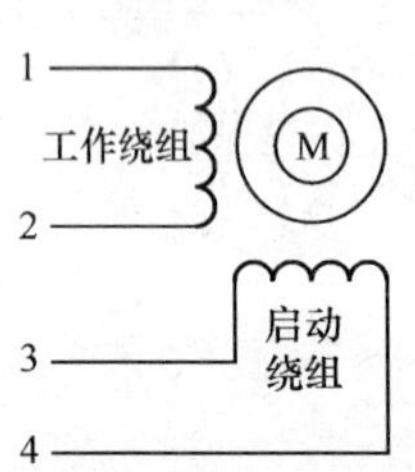

图 3-6 单相异步电动机绕组

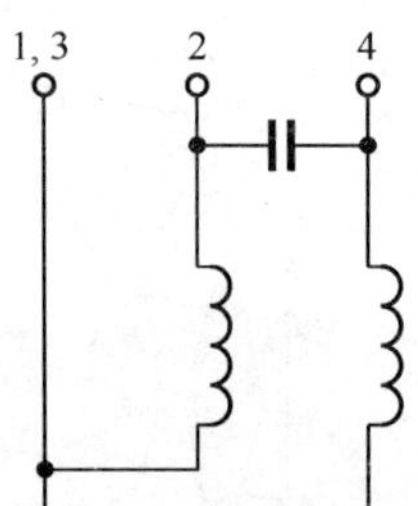

图 3-7 单相电容启动异步电动机

单相异步电动机常用的启动装置有离心开关和启动继电器两种，分别如图 3-8 和图 3-9 所示。

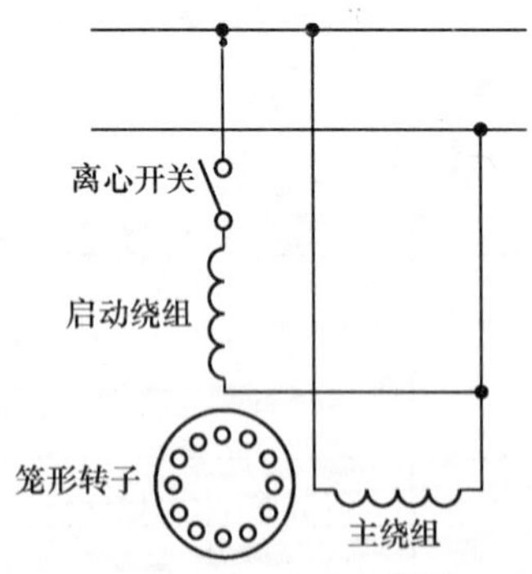

图 3-8 单相电动机分相启动图

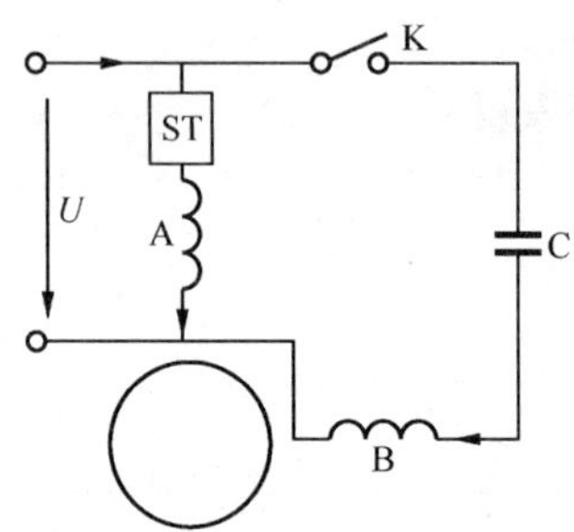

图 3-9 启动电流继电器接线图

启动绕组一般是按短时工作设计，因此，串有一个启动开关 K，当转速上升到一定程度时，开关自动断开启动绕组，由工作绕组维持运行。在启动绕组中串入一系列电阻器，可以使得分相电动机产生较大的启动转矩。在启动绕组中串入一系列感性电抗器也可得到与之类似的效果，当电动机转速上升时，将此电抗器短路。

任务三　洗衣机单相电动机的正反转电路

1．单相电动机的正反转接线

单相电动机有两个绕组：主绕组又称工作绕组或运行绕组，副绕组又称启动绕组，有的小负载单相电动机这两个绕组完全一样，互相可以交换，但多数单相电动机（带较大负载的农用电动机）为了增大启动力矩，副绕组线圈细、匝数多、阻值大；副绕组与主绕组之间有一启动电容。只要交换两个绕组中的一个绕组的首尾接线就可反转，交换电源 L、N 是无效的。

当两绕组完全一样时，电动机可能是三端子接线，如图 3-10 所示，1、3 为两绕组的公共接线端，接交流电源的 L，2-4 端子之间连有启动电容，如果交流电源的 N 端接端子 2 为正转，则 N 改接端子 4 为反转；如果是四端子，接线如图 3-11 所示。

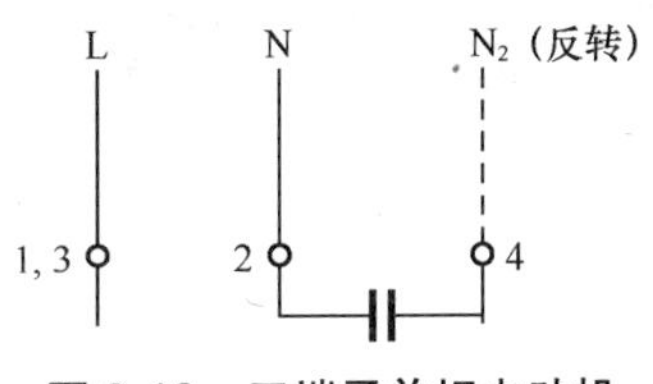

图 3-10　三端子单相电动机

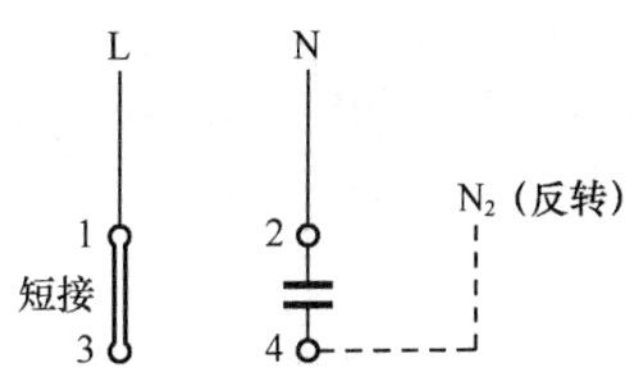

图 3-11　四端子单相电动机

农用单相电动机的主、副绕组不一样，不能采用上面交换主、副绕组的做法，否则，会烧坏电动机，一般应有 4 个端子：1-2 为主绕组，3-4 为副绕组，正转见图 3-12。

如果要反向转动，正确的做法是交换一个绕组的首尾接线，主副绕组的区分很简单，根据阻值就可判断出。

2．洗衣机电动机的正反转电路

洗衣机电动机是单相电动机，有两个绕组 1-2 和 3-4，正转时 1-2 作运行绕组，3-4 作启动绕组；反转时刚好相反，3-4 作运行绕组，1-2 作启动绕组，通过电子定时器驱动继电器（或换向开关）进行切换，如图 3-13 所示。电动机通过皮带传动分别驱动波轮和甩干桶，两种工作方式是由一套离合装置来切换的，并由电子调速装置实现调速。

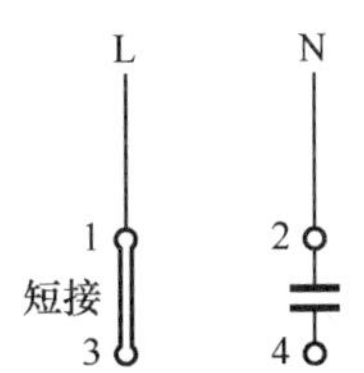

图 3-12　农用四端子单相电动机

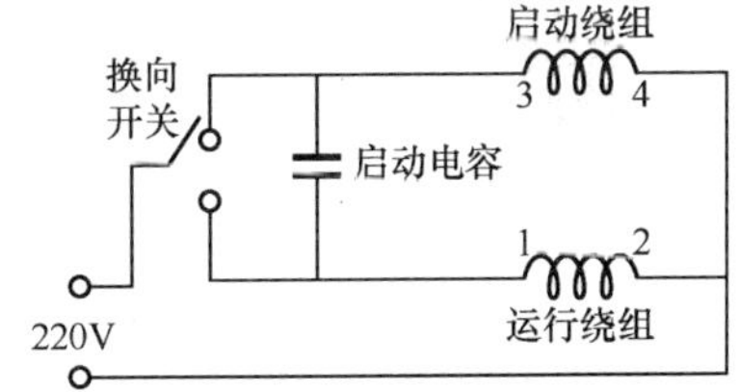

图 3-13　洗衣机电动机的正反转电路

任务四　单相电动机的调速电路

单相异步电动机的调速方法主要有变频调速、晶闸管调速、串电抗器调速和抽头法调速等。变频调速设备复杂、成本高、很少采用。目前较多采用的是串电抗器调速、抽头法调速和晶闸管调速等电路。

1．串电抗器调速电路

串电抗器调速电路在电动机的电源线路中串联起分压作用的电抗器，通过调速开关选择电抗器绕组的匝数来调节电抗值，从而改变电动机两端的电压，达到调速的目的，其接线图如图 3-14 所示。串电抗器调速，其优点是结构简单、容易调整调速比，但消耗的材料多、调速器体积大。

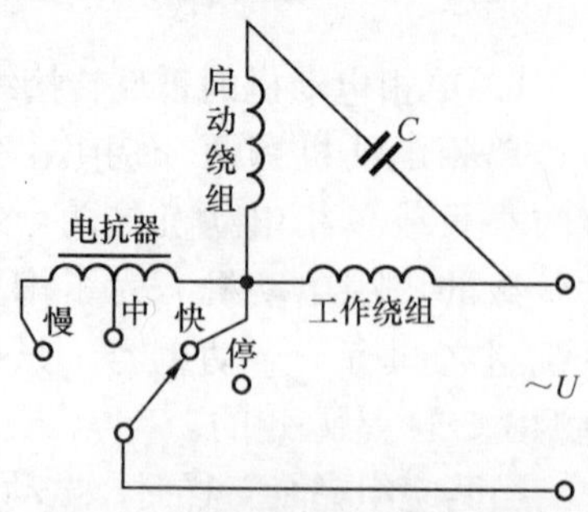

图 3-14　串电抗器调速接线图

2．抽头法调速电路

如果将电抗器和电动机结合在一起，在电动机定子铁芯上嵌入一个中间绕组（或称调速绕组），通过调速开关改变电动机气隙磁场的大小及椭圆度，可达到调速的目的。根据中间绕组与工作绕组和启动绕组的接线不同，常用的有“T”形接法和“L”形接法，如图 3-15 所示。

与串电抗器调速相比较，抽头法调速时用料省、耗电少，但是绕组嵌线和接线比较复杂。

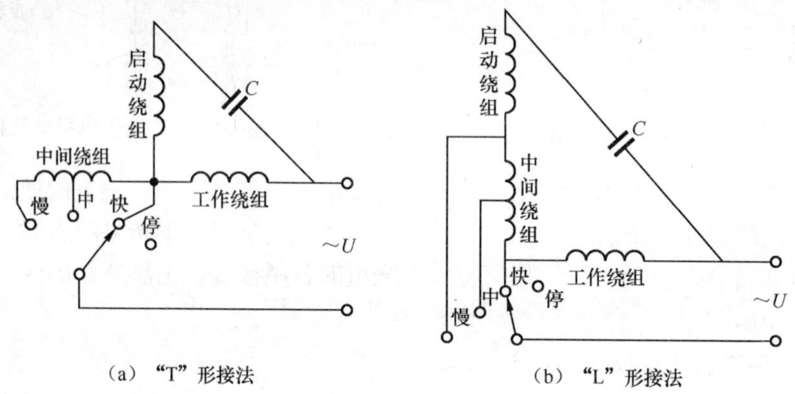

图 3-15　抽头法调速接线图

3．晶闸管调速电路

晶闸管调速电路利用改变晶闸管的导通角，来实现改变加在单相异步电动机上的交流电压的大小，从而达到调节电动机转速的目的，其调速原理如图 3-16 所示。这种方法能实现无级调速，缺点是会产生一些电磁干扰。该电路目前常用于吊式风扇的调速上，如图 3-17 所示。

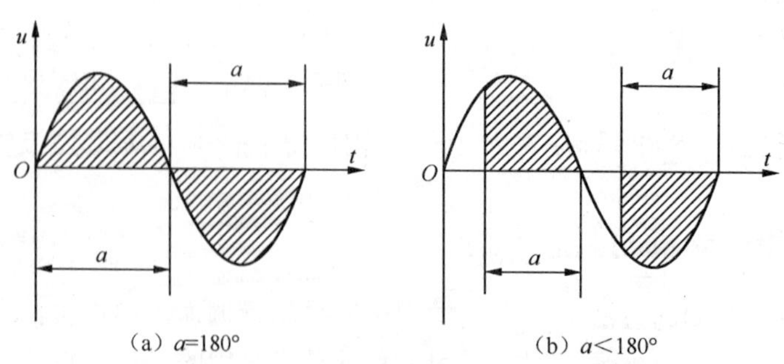

图 3-16　双向晶闸管调压调速原理

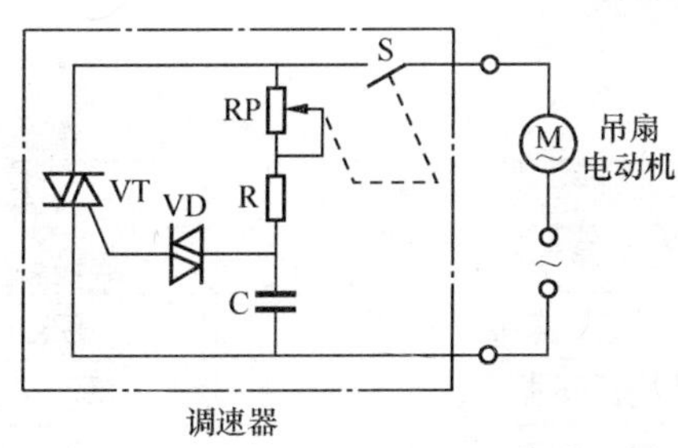

图 3-17　吊扇使用的双向晶闸管调压调速电路

任务五　电风扇电动机的控制

电风扇是由电动机驱动扇叶，加速室内空气流动与循环，在夏季作为通风、散热和防暑降温，在冬季可作为加强室内空气循环的电器，如图 3-18 所示。它结构简单、制造容易、成本低、使用方便，在我国目前的生活水平下，特别是广大农村及中小城市中，它是一种最经济、最实惠的防暑降温电器。

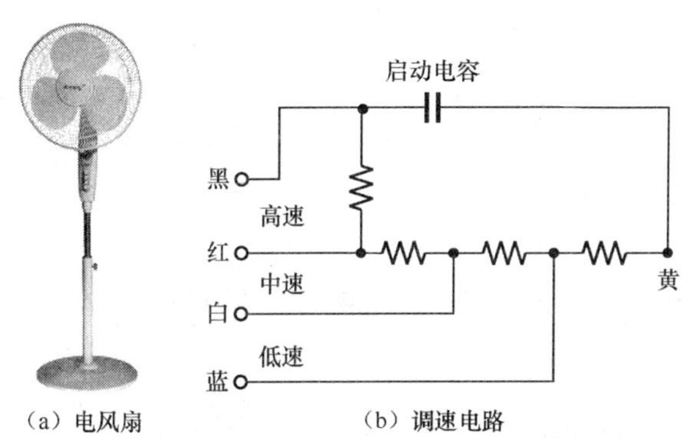

图 3-18　电风扇及其调速电路

1．电风扇的分类

按使用电源分：有交流（三相、单相）电扇、直流电扇、交直流两用电扇。其中最常用的是交流单相电风扇，交流三相电风扇主要用于工矿企业中，直流及交直流两用电扇主要用于船舶、车辆等特定场合。

按电动机的结构形式分：有单相电容式、单相罩极式、三相感应式、直流及交直流两用串激整流子式电风扇。

按使用方式和主要结构特征电风扇又可分为：台扇、壁扇、台地扇、落地扇、顶扇、吊扇、转页扇和排气扇。它们的主要特征见表 3-5。

表 3-5　各类电风扇主要特征

类别	主要特征		
	扇头结构	支撑结构	安放（装）地点
台扇	防护式电动机具有往复摆头机构	台座	桌上或台上
台地扇		台座	桌上或台上
壁扇		壁座	固定在墙上
落地扇		底座	放在地上

续表

类别	主要特征		
	扇头结构	支撑结构	安放（装）地点
顶扇	封闭式电动机，具有回转摇头机构	座架	安装在天花板上
吊扇	外转子结构电动机，无摇头装置	吊攀和吊杆	悬挂在天花板上
转页扇	封闭式电动机，靠转动百叶栅改变风向	框架	台上或桌上
排气扇	封闭式电动机，无摇头机构	框架	装于窗上或墙孔上

电风扇常用的规格系列见表 3-6。

表 3-6　各类电风扇规格

类　别	规格系列（以扇叶直径表示，单位：mm）
台　扇	200，250，300，350，400
台地扇	300，350，400
壁　扇	250，300，350，400
落地扇	350，400，500，600，750
顶　扇	300，350，400
排气扇	250，300，350，400
转页扇	300，350
吊　扇	900，1050，1200，1400，1500，1800

2．电风扇的结构

扇头主要由单相交流电动机、摇头机构及前后端盖组成，如图 3-19 所示。

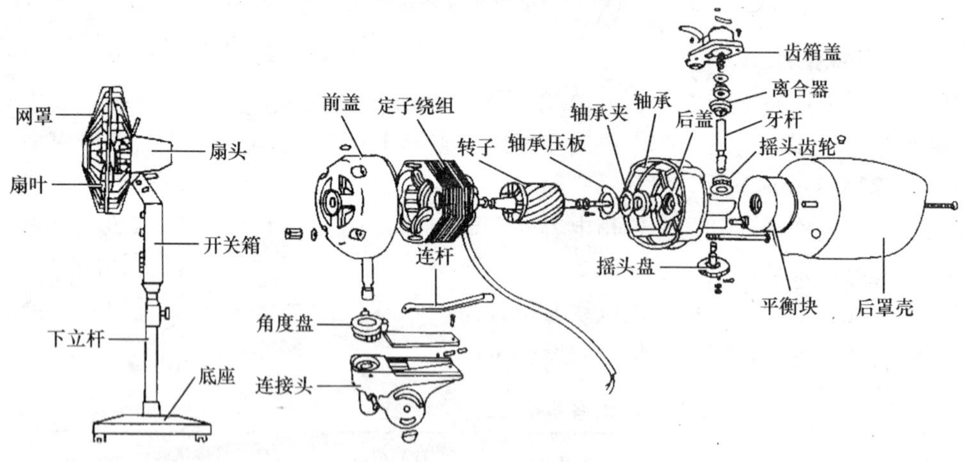

图 3-19　电风扇结构

（1）摇头机构

摇头机构主要功能是加速室内空气的循环，避免强气流固定吹向一个方向，如图 3-20 所示。

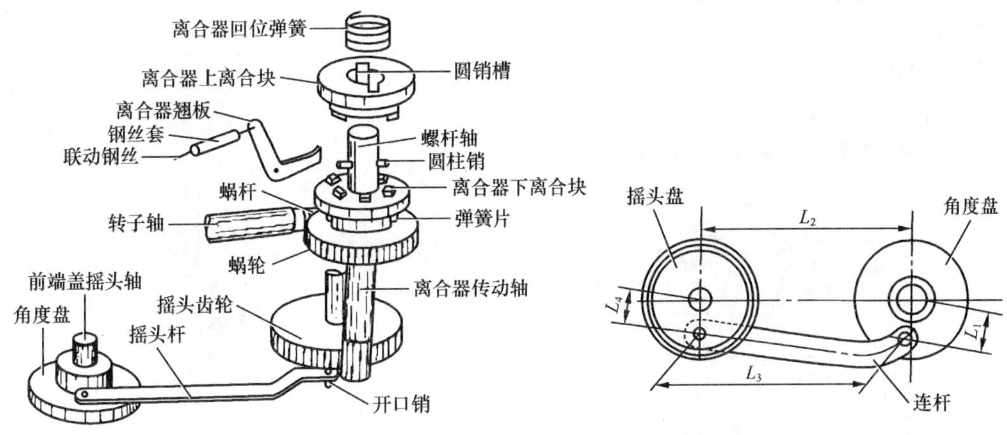

图 3-20　离合器式摇头机构

（2）连接头机构

连接头的作用是连接扇头和开关箱（或底座），由枪式连接座、角度盘、含油轴承、俯仰角度盘等组成，可使扇头在一定范围内作仰角调节。连接头机构如图 3-21 所示。

（3）其他附件

① 扇叶

扇叶是电风扇中推动空气流动的主要部件之一，如图 3-22 所示。它的大小和形状对电风扇的风速、风量、噪声、功率消耗大小及运转平稳等有较大影响。

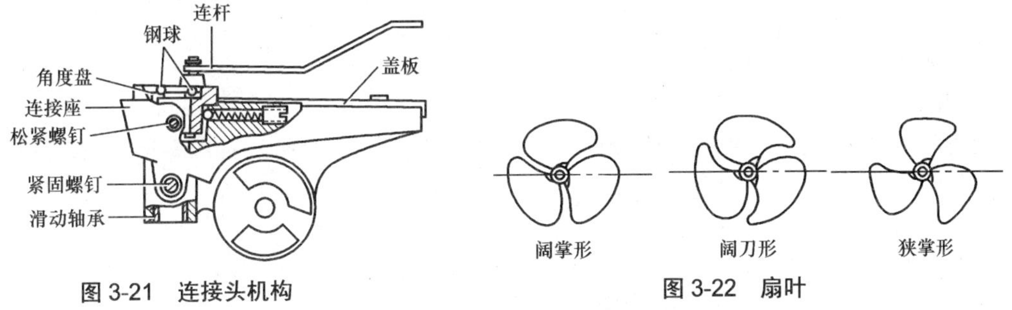

图 3-21　连接头机构

图 3-22　扇叶

② 网罩

网罩的主要作用是防止人体及外物接触旋转的网叶，以保护人体安全和保护扇叶，如图 3-23 所示。

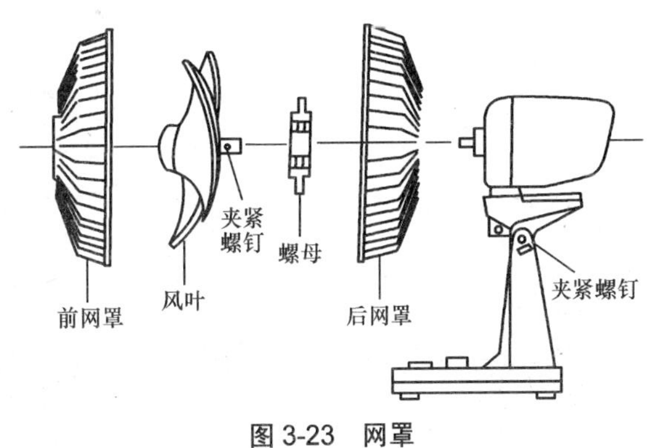

图 3-23　网罩

③ 开关箱

开关箱如图 3-24 所示。

④ 升降机构和底座

升降机构和底座如图 3-25 所示。

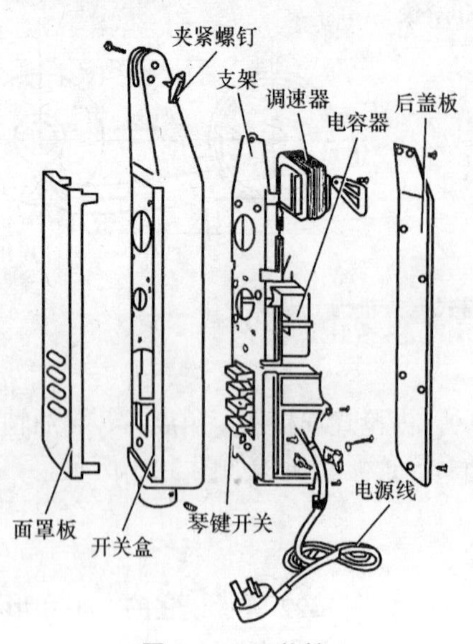

图 3-24 开关箱

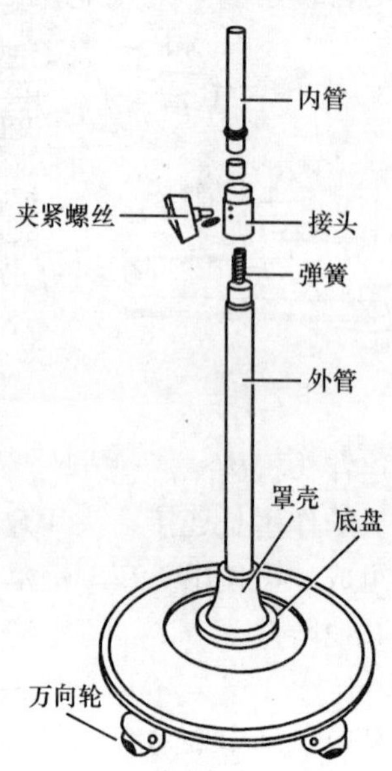

图 3-25 升降机构和底座

（4）电气控制机构

电风扇的电气控制机构主要有调速开关、定时器。

① 调速开关

调速开关按其结构形式划分，有旋转式、琴键式和轻触式等几种形式。如图 3-26 和图 3-27 所示。

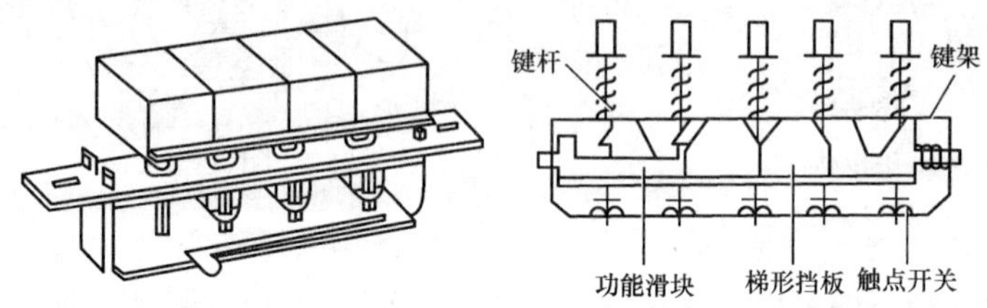

图 3-26 琴键开关

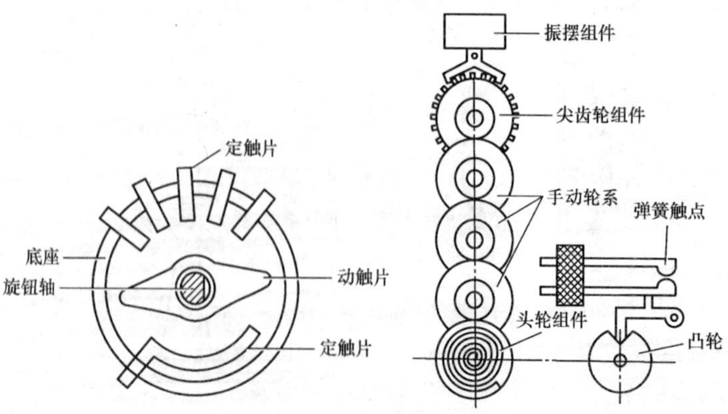

图 3-27 旋转式调速开关

② 定时器

电风扇用定时器有机械式、电动式和电子式 3 种。电动式定时器以微型同步电动机驱动，由电动机带动传动轮系，经过传动轮系使控制凸轮按设定的均匀速度转动，以控制弹簧触点的闭合与断开。电子式定时器是采用电子技术来控制电风扇的工作时间的，电子式定时器通常是属于电子电风扇控制电路的一部分。

将电风扇的结构及相关说明填入表 3-7。

表 3-7　　电风扇的结构

电风扇结构	主要零部件	
	名称	作用

任务六　单相电动机常见电气故障与检修

单相电动机的故障是多种多样的，同一故障可能有不同的外部现象，而同一表现现象也可由不同的故障引起。因此，检修人员在寻找电动机故障时，必须对电动机进行全面分析研究。表 3-8 所示为单相异步电动机常见的电气故障及处理方法。

表 3-8　　单相异步电动机常见的电气故障及处理方法

故障现象	故障原因	处理方法
电源接通后，电动机不能启动，但有“嗡嗡”声	（1）启动绕组回路断开 （2）电动机过载 （3）被拖动机械卡住 （4）定子内部首端位置接错，或有断线、短路	（1）检查启动绕组、电容、启动开关及连接线，找出断路位置，予以排除 （2）卸载后空载或半载启动 （3）检查被拖动机械，排除故障 （4）重新判定各相的首尾端，并检查各相绕组是否有断线和短路
电动机启动困难，加额定负载后，转速较低	（1）电源电压较低 （2）鼠笼型转子的笼条端脱焊、松动或断裂	（1）提高电压 （2）进行检查后对症处理
电动机启动后发热超过温升标准或冒烟	（1）电源电压过低，电动机在额定负载下造成温升过高 （2）电动机通风不良或环境温度过高	（1）测量空载和负载电压 （2）检查电动机风扇及清理通风道，加强通风降低环温

续表

故障现象	故障原因	处理方法
电动机启动后发热超过温升标准或冒烟	（3）电动机过载 （4）电动机启动频繁或正反转次数过多 （5）定子和转子相擦	（3）用钳形电流表检查各相电流后，依症处理 （4）减少电动机正反转次数，或更换适应于频繁启动及正反转的电动机 （5）检查后，依症处理
电动机外壳带电	（1）电动机引出线的绝缘或接线盒绝缘击穿 （2）绕组端部碰机壳 （3）电动机外壳没有可靠接地	（1）恢复电动机引出线的绝缘或更换接线盒绝缘板 （2）如卸下端盖后接地现象即消失，可在绕组端部加绝缘后再装端盖 （3）按接地要求将电动机外壳进行可靠接地
绝缘电阻低	（1）绕组受潮或淋水滴入电动机内部 （2）绕组上有粉尘，油坜 （3）定子绕组绝缘老化	（1）将定子，转子绕组加热烘干处理 （2）用汽油擦洗绕组端部烘干 （3）检查并恢复引出线绝缘或更换接线盒绝缘线板 （4）一般情况下需要更换全部绕组
电动机运行时声音不正常	（1）定子绕组连接错误，局部短路或接地 （2）轴承内部有异物或严重缺润滑油	（1）分别检查，对症下药 （2）清洗轴承后更换新润滑油为轴承室的1/2～1/3
电动机运行噪声和震动较大	（1）电动机安装基础不平 （2）电动机转子不平衡 （3）皮带轮或联轴器不平衡 （4）转轴轴头弯曲或皮带轮偏心 （5）电动机风扇不平衡 （6）对串励电动机，换向片间短路或电枢绕组内部短路，或电刷与换向器接触不良	（1）将电动机底座垫平，时机找水平后固牢 （2）转子校静平衡或动平衡 （3）进行皮带轮或联轴器校平衡 （4）校直转轴，将皮带轮找正后镶套重车 （5）对风扇校静
通电后，电源熔断器很快熔断	（1）绕组匝间或对地严重短路 （2）电机引出相线接地 （3）电容器短路	（1）重绕定子绕组 （2）找出接地点，进行绝缘处理 （3）更换电容器

二、项目基本知识

知识点一　单相电动机的工作原理

1．单相交流异步电动机的工作原理

当给三相异步电动机的定子三相绕组通入三相交流电时，会形成一个旋转磁场，在旋转磁场的作用下，转子将获得启动转矩而自行启动。单相异步电动机的定子绕组通以单相电流后，只会产生脉动磁场，磁场的强度和方向按正弦规律变化。当电流在正半周时，磁场方向垂直向上；当电流在负半周时，磁场方向垂直向下，所以说它是一个脉动磁场。

这个脉动磁场可以认为是由两个大小相等、转速相等但转向相反的旋转磁场所合成的。当转子静止时，两个旋转磁场分别在转子上产生两个转矩，其大小相等、方向相反、合转矩

为零，所以转子不能自行转动。

如果用外力使转子顺时针转动一下，这时顺时针方向转矩大于逆时针方向转矩，转子就会按顺时针方向不停地旋转。当然，反方向旋转也是如此。

通过上述分析可知，单相异步电动机转动的关键在于产生一个启动转矩，各种不同类型的单相异步电动机产生启动转矩的方法也不同。

2．单相电容式异步电动机的工作原理

单相电容式异步电动机在定子上有两个绕组，一个叫工作绕组（也叫主绕组），另一个叫启动绕组（也叫副绕组），两个绕组在定子铁芯上相差 90° 的空间角度，在启动绕组中还串联一个适当容量的电容器。图 3-28 所示为一台简单的单相异步电动机原理图，定子铁芯上布置有单相定子绕组，转子为鼠笼结构。

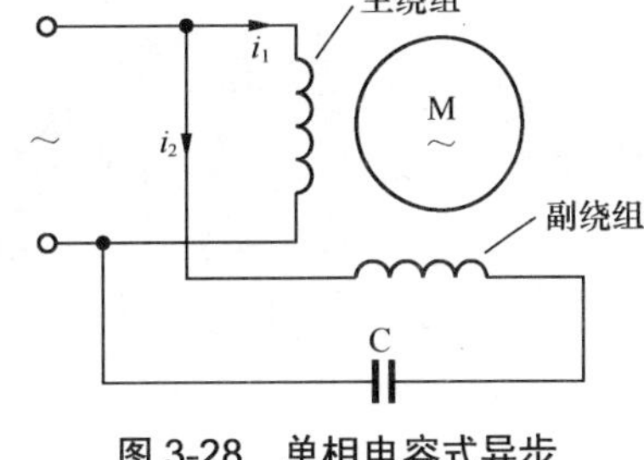

图 3-28　单相电容式异步电动机原理图

由同一单相电源向两个绕组供电，由于启动绕组中串联了一个电容器，使工作绕组中的电流 i_1 和启动绕组中的电流 i_2 产生一个相位差，适当选择电容使 i_1 和 i_2 的相位差为 90° 。若以启动绕组中的电流 i_2 为参考量，则

$$i_1=i_{1m}\sin(\omega t-90°)$$

$$i_2=i_{2m}\sin\omega t$$

用类似三相旋转磁场的分析方法，做出 i_1、i_2 的波形图和旋转磁场图，如图 3-29 所示。相位差为 90° 的电流 i_1 和 i_2，流过空间相差 90° 的两个绕组，能产生一个旋转磁场。在旋转磁场的作用下，单相异步电动机转子得到启动转矩而转动。

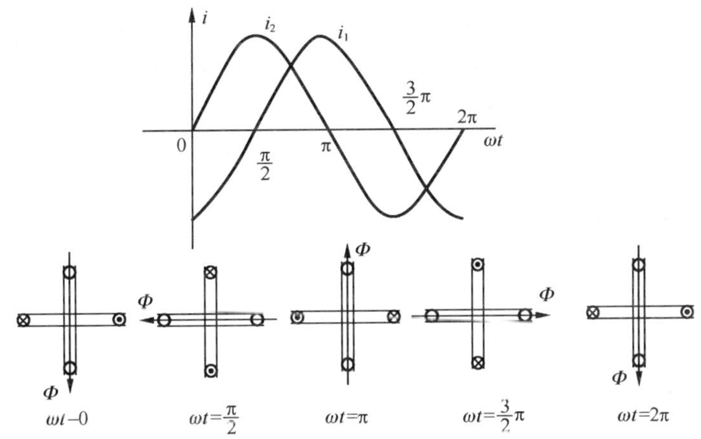

图 3-29　单相异步电动机的旋转磁场的形成

单相异步电动机的转向与旋转磁场的方向相同，转速也低于旋转磁场的转速。应用改变定子绕组接线的方法，来改变旋转磁场的方向，也就改变了电动机的转向。

知识点二　电风扇电动机的基本调速方法

单相异步电动机的调速方法主要有变频调速、晶闸管调速、串电抗器调速和抽头法调速等。变频调速设备复杂、成本高、很少采用。下面简单介绍目前较多采用的串电抗器调速、抽头法调速和晶闸管调速方法。

电风扇电动机的基本调速方法有电抗器法、抽头法、无级调速法等。

1．电抗器法

电抗器法是在电动机的电源线路中串联起分压作用的电抗器，通过调速开关选择电抗器绕组的匝数来调节电抗值，从而改变电动机两端的电压，达到调速的目的，如图 3-30 所示。串电抗器调速的优点是结构简单，容易调整调速比，但消耗的材料多，调速器体积大。

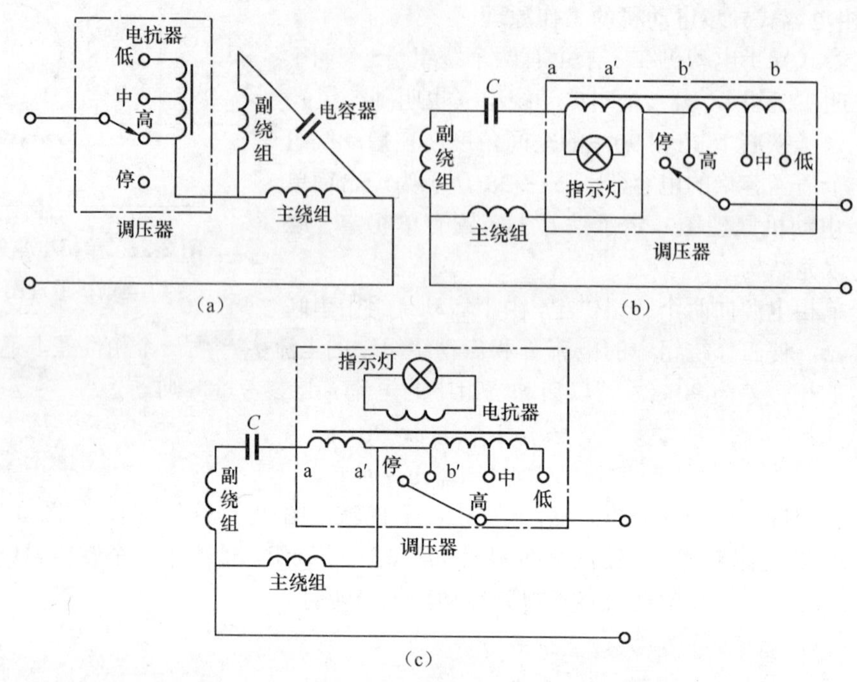

图 3-30 电容式电动机串联电抗器的调速原理图

2．抽头法

如果将电抗器和电动机结合在一起，在电动机定子铁芯上嵌入一个中间绕组（或称调速绕组），通过调速开关改变电动机气隙磁场的大小及椭圆度，可达到调速的目的。根据中间绕组与工作绕组和启动绕组的接线不同，常用的有“L”形接法（如图 3-31 所示）和“T”形接法（如图 3-32 所示）。与串电抗器调速相比较，抽头法调速用料省，耗电少，但是绕组嵌线和接线比较复杂。

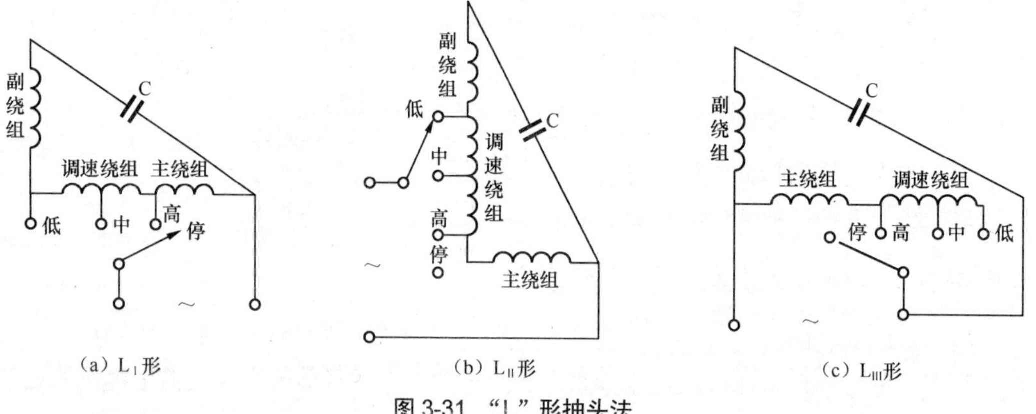

图 3-31 “L”形抽头法

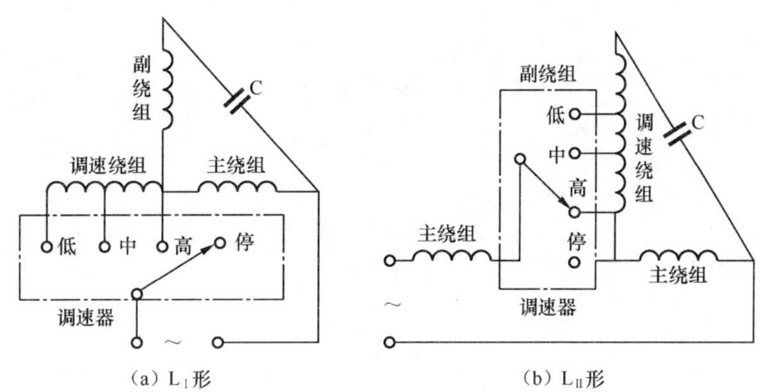

图 3-32 “T”形抽头法

3．无级调速法

利用改变晶闸管的导通角，来实现加在单相异步电动机上的交流电压的大小，从而达到调节电动机转速的目的，这种方法能实现无级调速（如图 3-33 所示），但其缺点是会产生一些电磁干扰，目前常用于吊式风扇的调速上。

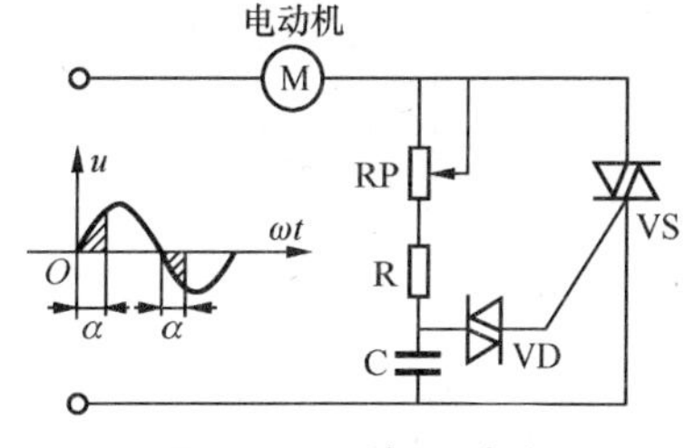

图 3-33 无级调速法

无级调速一般采用双向晶闸管作为电动机的开关。利用晶闸管的可控特性，通过改变晶闸管的控制角α，使晶闸管输出电压发生改变，达到调节电动机转速的目的。在电源电压每个半周起始部分，双向晶闸管 VS 为阻断状态，电源电压通过电位器 RP，电阻 R 向电容 C 充电，当电容 C 上的充电电压达到双向触发二极管 VD 的触发电压时，VD 导通，C 通过 VD 向 VS 的控制极放电，使 VS 导通，有电流流过电动机绕组。通过调节电位器 RP 的阻值大小，可调节电容 C 的充电时间常数，也就调节了双向晶闸管 VS 的控制角α，RP 越大，控制角α越大，负载电动机 M 上电压变小，转速变慢，从而实现无级调速。

项目学习评价

一、思考练习题

1．简述电风扇电动机的调速方法。

2．简述单相电动机基本工作原理。

3．简述单相电动机的主要结构与拆装步骤。

二、自我评价、小组互评及教师评价

评价项目	项目评价内容	分值	自我评价	小组评价	教师评价	得分
理论知识	① 单相电动机基本工作原理	5				
	② 电风扇电动机的调速方法	10				
	③ 单相异步电动机的调速方法	10				
实操技能	① 单相电动机的主要结构与拆装步骤	10				
	② 单相电动机常见故障与检修	15				
	③ 电风扇的结构	15				

续表

评价项目	项目评价内容	分值	自我评价	小组评价	教师评价	得分
安全文明生产	① 正确使用万用表	5				
	② 工具的使用及放置	5				
	③ 卫生保持	5				
学习态度	① 出勤情况	5				
	② 实验室纪律	5				
	③ 团队协作精神	10				

三、个人学习总结

成功之处	
不足之处	
改进方法	

项目四　直流电动机的拆装与控制

项目情境创设

在精密机械加工与冶金工业生产过程中，如高精度金属切削机床、轧钢机、造纸机、龙门刨床、电气机车等生产机械都是用直流电动机来拖动的。这是因为直流电动机具有启动转矩大、调速范围广、调速精度高、能够实现无级平滑调速以及可以频繁启动等一系列优点，对需要能够在大范围内实现无级平滑调速或需要大启动转矩的生产机械，常用直流电动机来拖动。工作工程中需要了解有关直流电动机的控制与拆装。

项目学习目标

项目学习目标		学习方式	学时
技能目标	① 正确认识直流电动机的结构 ② 掌握直流电动机的拆装 ③ 能正确检测和维护直流电动机 ④ 能够进行直流电动机故障检测与修理	学生实际拆装、检测直流电动机；教师指导演示、调试和维修	4 课时
知识目标	① 掌握直流电动机的工作原理 ② 掌握音响设备直流电动机的工作原理与控制	教师讲授重点：直流电动机控制原理	4 课时

项目基本功

一、项目基本技能

任务一　直流电动机的结构与拆装

直流电机是一种可逆电机，分为直流发电机和直流电动机。输入机械能而输出直流电能的称为直流发电机，输入直流电能而输出机械能的称为直流电动机。

直流发电机主要用作各种电源，例如，有供给同步发电机励磁用的直流励磁机，供给给粉电动机用的直流给粉发电机，供给蓄电池用的直流浮充电发电机，作为焊接电源用的直流电焊机以及事故照明和其他电源。但随着电力电子技术的发展，晶闸管变流装置将逐渐取代直流发电机。

直流电动机具有良好的启动和制动性能、宽广的调速性能，主要应用于启动和调速性能要求较高的地方，例如，用作起重机械、电力机车、船舶机械、造纸机、纺织机械、大型机床、轧钢机、给粉机等的电动机，也用作事故备用电动机，如事故油泵电动机等。

1．直流电动机的结构

直流电机的基本结构由定子部分、电枢部分、定子和电枢之间的空气隙 3 部分构成。图 4-1 所示为小型直流电动机的结构图。

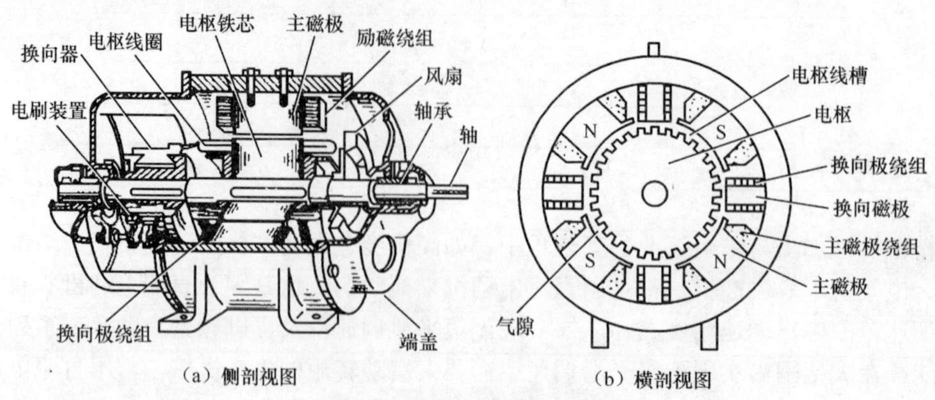

（a）侧剖视图　（b）横剖视图

图 4-1　直流电动机的结构

（1）定子（静止）部分

定子一方面在电磁方面用来产生主磁场和作为磁路的组成部分；另一方面，在机械组成中起到整个电动机的支撑和固定作用。定子由机座、主磁极、换向磁极、补偿绕组及连接线、引出线等组成。

① 机座

直流电动机的机座是电动机的机械支承，用来固定主磁极、换向磁极和端盖，也是电动机主磁路的一部分，为保证具有足够的机械强度和良好的导磁性能，机座一般用 35 号铸钢或低碳钢板焊接而成。大型电动机的机座通常制成外圆带筋式的，即使这样有时还感到刚度不够，为了防止变形而影响空气隙尺寸，一般在机座的下腰部还附设有千斤顶。一些微型和小型电动机，其机座也有用铸铝或铸铁的。

② 主磁极

主磁极的作用是建立电动机的主磁势，产生主磁通。主磁极由主极铁芯、励磁绕组及它们之间的绝缘所组成。

主极铁芯通常用 1mm 厚钢板冲制后叠成，两端用 2～10mm 厚的钢压板以铆钉铆紧或用螺杆固紧。主极铁芯靠近机座部分称为极身，靠近电枢部分称为极掌或极靴。

套在主磁极铁芯上的励磁线圈有并励和串励两种。并励线圈的匝数多，导线细；串励线圈的匝数少，导线粗。直流电动机中分别把各个主磁极上的并励或串励励磁线圈连接起来称为励磁绕组。当给励磁绕组通入直流电流时，各主磁极都产生一定的极性。直流电动机中相邻主磁极的极性应为 N、S 交替出现。为此，在把各主磁极上的励磁线圈相连接时，应注意它们的极性问题。励磁线圈通常用圆的或扁的漆包线、玻璃丝包线或双玻璃丝包线绕制而成的多层绕组。

线圈和铁芯（或框架）间的绝缘，按照绝缘等级不同而用电工纸板或塑性云母板等绝缘。

③ 换向磁极

当直流电动机的容量大于 1kW 时，在相邻两主磁极之间要装上换向极，换向极又叫附加极。换向极的作用是为了改善直流电动机的换向、减少电刷与换向器间的火花。换向极铁芯的形状比主磁极的简单，一般用厚钢板加工而成。在换向极的外面套上换向极绕组。换向极绕组总是和电枢绕组相串联的，流过的是电枢电流，所以换向极绕组的匝数少而导线较粗。

④ 电刷装置

电刷装置是直流电动机里一个很重要的装置。通过它可以把电枢电路部分的电流引出到静止的电路里，或者把静止电路里的电流引入到电动机的电枢电路里。电刷装置由电刷、刷握、弹簧和连线等部分组成，如图 4-2 所示。电刷是用石墨、电化石墨或金属石墨做成的导电块，放在刷握内用弹簧以一定的压力压在换向器表面，旋转时与换向器表面形成滑动接触。刷握用螺钉夹紧在刷杆上，每一刷杆上的一排电刷组成电刷组，同极性的各刷杆同连接线连在一起，再引到出线盒。刷杆装在可移动的刷杆座上，以便调整电刷装置。

（2）电枢（旋转）部分

直流电动机转子部分包括电枢铁芯、电枢绕组、换向器、风扇、转轴和轴承等。

① 电枢铁芯

电枢铁芯是直流电机主磁路的一部分。当电枢在旋转时，铁芯中磁通方向发生变化，会在铁芯中引起涡流与磁滞损耗。为了减小这部分损耗，通常采用 0.5mm 厚的低硅硅钢片或冷轧硅钢片，冲成有齿、槽的冲片，然后把这些冲片两面涂上漆叠装起来，就构成了电枢铁芯，如图 4-3 所示。小型电动机的电枢铁芯直接压装在轴上，大型电动机的电枢铁芯先压装在转子支架上，然后再将支架固定在轴上。为改善通风，电枢铁芯可沿轴向分成几段，以形成径向通风道。电枢铁芯上开槽是为了安放电枢绕组用。

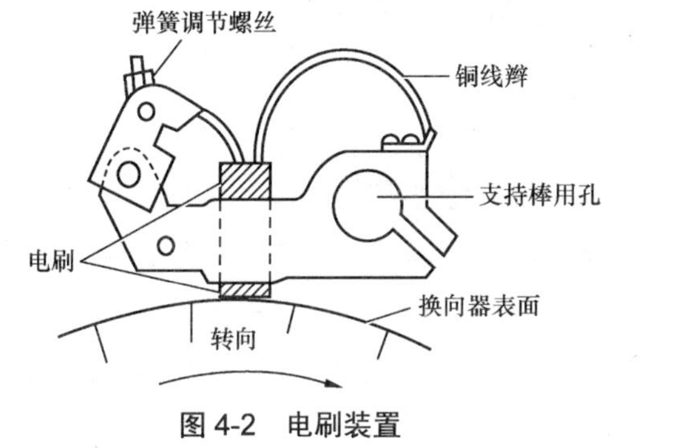

图 4-2　电刷装置

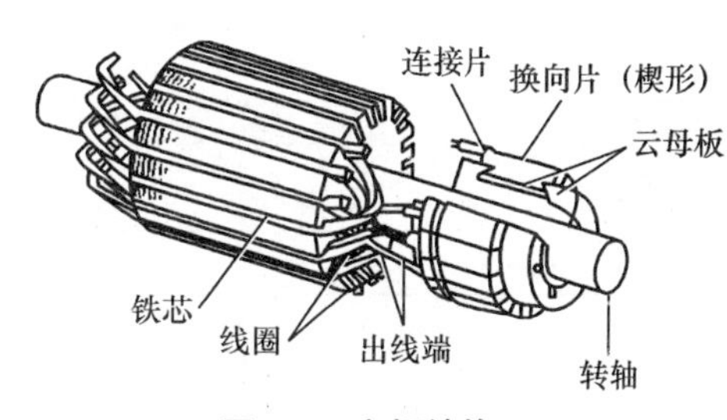

图 4-3　电枢结构

② 电枢绕组

用包有绝缘的导体绕成电枢线圈，线圈也叫元件，每个元件有两个出线端。把一个个线圈按一定的次序分别嵌入电枢铁芯上的槽内的上、下层里。每个元件的两个出线端都按一定的规律与换向器的换向片相连，这就构成了电枢绕组。电枢绕组是用来产生感应电动势和电磁转矩，从而实现机电能量转换的关键部件。

③ 换向器

换向器的是由许多具有楔形的换向片组成一个圆筒形状，各个换向片之间彼此绝缘，两端再用两个“V”形环夹紧。大、中型直流电动机多用云母作为换向片间的绝缘；小型直流电动机常制成塑料换向器。典型的换向器结构如图 4-4 所示。换向器的作用是在电刷间得到直流电动势，并保证每个磁极下电枢导体的电流方向不变，以产生恒定方向的电磁转矩。

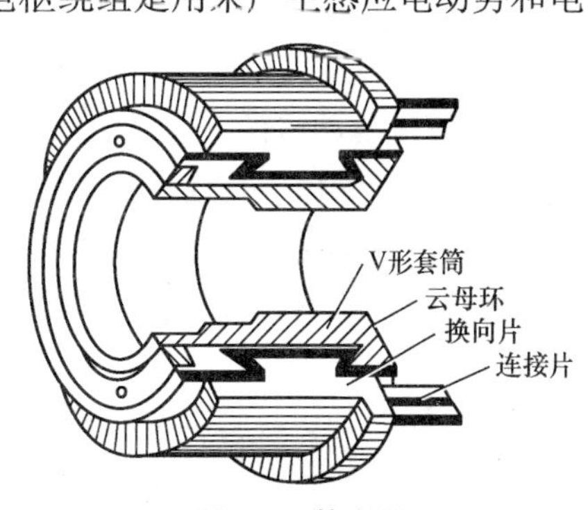

图 4-4　换向器

（3）气隙

气隙并非结构部件，它是定子磁极和转子的电枢之间自然形成的气隙。但是，气隙是主磁路的一部分，气隙中的磁场是电机进行机—电能量转换的媒介。因此，气隙的大小对电动机的运行性能影响很大，组装时应特别注意。小容量电机的气隙约为 0.5～5mm，大容量的可达 5～10mm。

2．直流电动机的拆卸

直流电动机的拆装按下列步骤进行。

（1）拆除所有外部接线，记好各线端标记，特别是有极性的线端。

（2）拆除换向器侧端盖螺钉和轴承盖螺钉，取下轴承外盖。

（3）打开换向器侧端盖的通风窗，从刷握中取出电刷，再拆下接到刷杆的连接线并做好标记。

（4）拆卸换向器侧的端盖。拆卸时先在端盖与机座接合处打上标记，然后垫上木板，用铁锤均匀地敲打端盖边缘，使端盖止口慢慢地脱离机座和轴承外圈。记好刷架位置，取出刷架。

（5）用厚纸或布将换向器包好，以保持换向器的清洁和防止碰伤。

（6）拆除轴伸侧的端盖螺钉，将电枢连同端盖从定子内抽出，注意不要碰伤绕组。

（7）若需要更换轴承，可拆除轴承侧的轴承盖螺钉，取下轴承外盖、端盖和轴承。电动机的装配与拆卸时相反，注意按所做的标记使各部件复位，最后恢复接线。

（8）填写直流电动机拆卸记录表 4-1。

表 4-1　　直流电动机的拆卸记录

拆卸步骤	主要零部件	
	名称	作用

3．直流电动机的安装

（1）在安装前，首先要检查定子绕组是否有短路、断路、漏电等故障。

（2）检查轴承内的润滑脂。如果没有变质，添加些优质润滑脂就可以了；如果变质了，就要用汽油把原来的润滑脂洗掉，再加入优质润滑脂。

（3）清除定子、转子以及上盖下盖里的杂质。

（4）装配定子。把下端盖朝上平放，底部衬以泡沫塑料或软布，以保护下端盖表面不被碰伤。把定子放在下端盖的内圆上，上面垫一块木板，用锤子均匀敲打木板周围，如图 4-5 所示。

（5）装配转子。先在转子轴的上下两端装好滚珠轴承，用手握住吊轴，提起转子，对准下端盖的中心孔，小心地把转子垂直插入下端盖，使得下滚珠轴承嵌入下端盖的轴承座里，如图 4-6 所示。

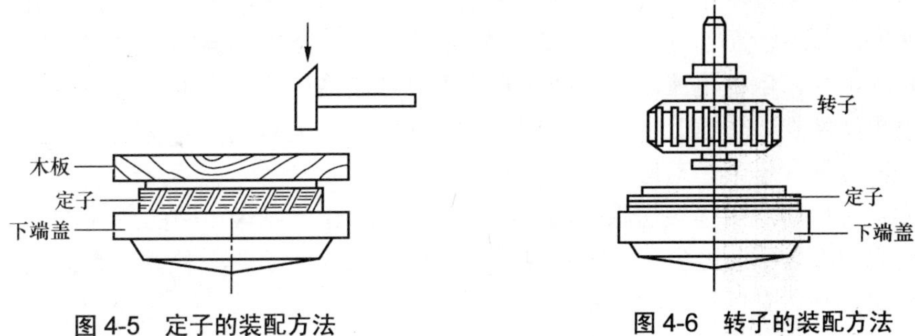

图 4-5 定子的装配方法

图 4-6 转子的装配方法

（6）安装上端盖。上端盖止口朝下，使得滚珠轴承嵌在上端盖的轴承座里，注意上端盖的螺钉孔对准下端盖的轴承孔。把螺钉从上端盖螺孔中穿入，拧进下端盖的螺孔中，如图 4-7 所示。轻轻旋转定子，可以灵活转动。

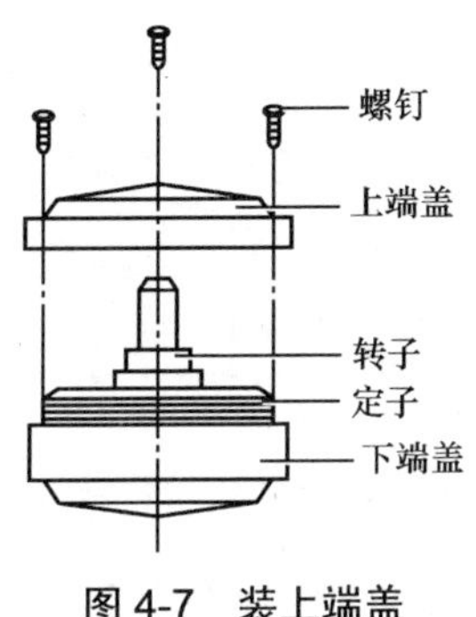

图 4-7 装上端盖

（7）填写直流电动机安装记录表 4-2。

表 4-2 直流电动机的安装记录

安装步骤	主要零部件	
	名称	作用

任务二　直流电动机的启动电路安装与调速

直流电动机和交流电动机一样，启动电流远大于其额定电流（可达额定电流的十多倍），因而对于功率较大的直流电动机也不能直接启动。通常启动时，为限制其启动电流并保持一定的启动速度，常在直流电动机电枢电路中串入适当数值的启动电阻。随电动机转速的上升，反电势也相应加大，电枢电流逐渐下降，转速上升速度减慢，此时可切除一部分启动电阻，使电枢电流再次增加，转速上升加快。这样逐级切除启动电阻直至启动电阻全被切除，最后电动机在全电压下升速至稳定运行。

直流电动机启动电阻逐级切除多用接触器来控制。由于每级电阻的切除需要一个接触器控制，因此启动级数不宜过多，一般采用 2～5 级。图 4-8 所示是一种并励直流电动机启动与调速控制线路，它具有以下 4 种功能。

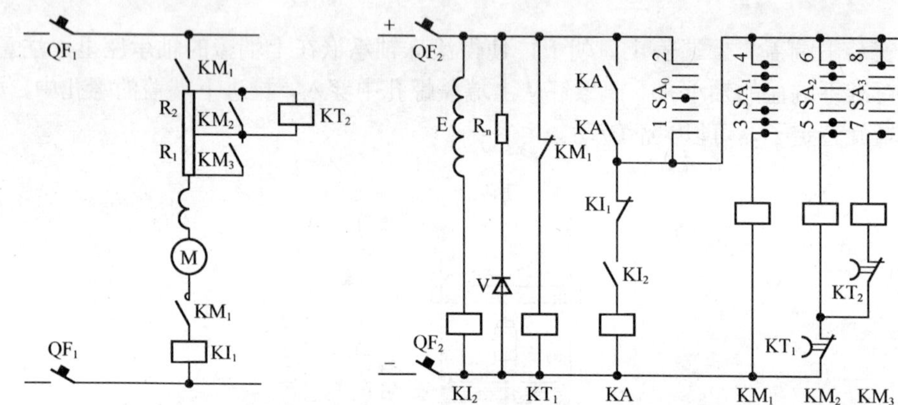

图 4-8　并励直流电动机启动与调速控制电路

（1）将启动电流限制在一定范围内。在电枢回路串入两个分级启动电阻 R_1、R_2，启动过程中用时间继电器每经过一段时间就通过直流接触器 KM_2、KM_3 将启动电阻短接掉一部分，直到全部启动电阻短接，启动过程结束。

（2）用自动开关作电路短路保护，用过电流继电器 KI_1 实现电动机的过载保护。过电流继电器 KI_1 的线圈与电枢绕组串联。当电动机严重过载或堵转时，过流继电器动作，使主接触器 KM_1 线圈断电，主触点断开电动机的电源。

（3）串接在励磁回路中的欠电流继电器 KI_2 用来防止电动机因弱磁而“飞车”，欠电流继电器的常开触点亦接在主接触器 KM_1 的线圈电路中，一旦励磁电流大幅度减小，它就会动作断开 KM_1 的线圈回路，使电动机脱离电源，避免因弱磁而“飞车”。

（4）用主令开关 SA 来实现启动、调速、停止控制。由于是利用主令开关控制的，所以设置了零压（零位）保护 KA，以防电动机的自动启动，主令开关的触点通电状况见表 4-3。

表 4-3　主令开关触点通电状况

触点	向左（反）			零位	向右（正）		
	3	2	1	0	1	2	3
1～2				+			
3～4	+	+	+		+	+	+

续表

触点	向左（反）			零位	向右（正）		
	3	2	1	0	1	2	3
5～6	+	+				+	+
7～8	+						+

注：表中带“+”号者为该触点接通。

1．电路控制过程

先将主令开关扳到零位，分别合上主电路和控制电路的空气断路器 QF_1，QF_2，励磁电路接通，并励绕组通电，并处于满励磁状态。欠电流继电器 KI_2 动作，其常开触点接通零压继电器 KA 的线圈电路（因主令开关在零位时 1—2 触点接通）通电并自锁。时间继电器 KT_1 通电，并切断接触器 KM_2、KM_3 的线圈电路，使启动电阻 R_1、R_2 全部串入电枢回路，为电动机启动做好准备。以上准备工作完毕后可以扳动主令开关进行启动。

扳动主令开关 SA_1 至“3”位置，主接触器 KM_1 得电工作，电动机启动运行。KM_1 的常闭触点断开，使时间继电器 KT_1 断电，电枢回路中启动电流的流过又使时间继电器 KT_2 得电工作。KT_1 断电后其常闭触点经过一定时间后闭合（延时闭合），使接触器 KM_2 得电动作，其常开触点的闭合切除第一级启动电阻 R_1，同时又使时间继电器 KT_2 线圈被短路而失电。KT_2 失电后其常闭触点又延时闭合，使接触器 KM_3 得电动作，常开触点 KM_3 的闭合切除了第二级启动电阻，电动机在全电压下进入正常运行状态，启动过程结束。

在控制回路中各级启动电阻的大小和时间继电器延时时间的设定必须仔细计算，以保证每级电阻切除前后的电枢电流都限制在一定的范围内。

2．电动机调速

欲使电动机降低速度，可将 SA 手柄扳到“1”或“2”的位置上，手柄在“2”的位置时，接触器 KM_2 通电，电动机串联一段电阻 R_1 降速；手柄在“1”位时电动机串联两段电阻 R_1+R_2 降速。

3．故障分析

（1）主令开关手柄扳到“3”的位置电动机不启动

其检查程序是：电源开关是否合上，看中间继电器 KA 是否吸合，如不吸合，可把主令开关重新扳到零位，这时可能出现两种情况。如 KA 吸合，说明主令开关在开始启动时没有在零位；如不吸合，要检查 KI_2 是否吸合，或 KI_1 的常闭点接触是否良好，一切疑点都排除了，故障在 KA 本身。

中间继电器 KA 吸合，看 KM_1 是否吸合，也可以出现两种情况，如吸合，故障在主电路；不吸合，故障在 KM_1 的线圈电路或其本身。

（2）不调速

主要检查接触器 KM_2，如吸合，故障在主电路。不吸合，其原因有：主令开关“2”的位置接触不良；时间继电器 KT_1 的延时常开的常闭触点接触不良；KM_2 本身故障。

任务三　直流电动机的正反转电路安装

直流电动机要改变转向，可通过改变电枢电压或励磁电压极性方法来实现。我们以改变励磁电压极性的方法为例来实现直流电动机的正反转。

1．电路特点

（1）用接触器来切换他励绕组的电压极性，从而改变电动机的转向。因在停车时未采用制动措施，为了减少启动反转时对机械部分的冲击和过大的启动电流，故在正反转时利用时间继电器的延时作用，保障电动机停转后才能反向启动。

（2）启动时，励磁绕组先通电，电枢绕组再通电，使电动机满磁启动。

（3）对他励绕组采用欠电流保护，对电枢回路采用过电流保护。

2．控制过程

控制过程如图 4-9 所示。

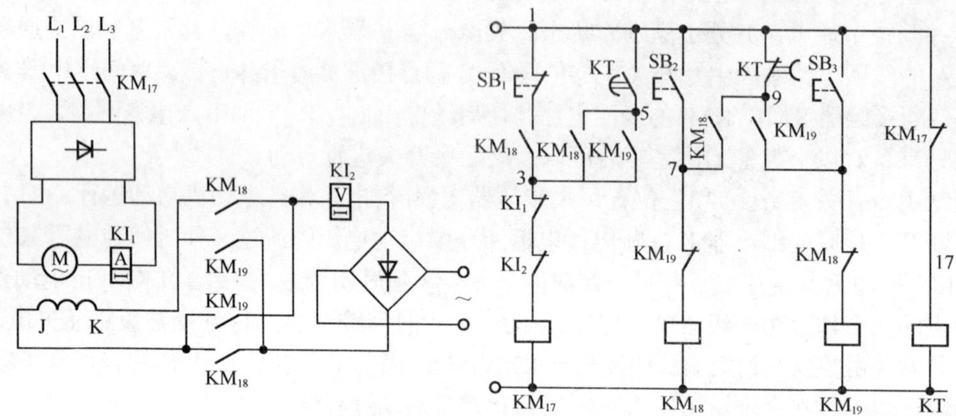

图 4-9　改变励磁电压极性的正反转控制电路

（1）正转控制

按正转按钮 SB_2 接触器 KT、KM_{18} 吸合，KM_{18} 的常开触点 1-3 闭合，使 KM_{17} 吸合，KM_{17} 的主触点闭合，给电动机电枢供电，同时 KM_{18} 接触器主触点给磁场通电，KM_{17} 的常闭触点切断时间继电器 KT 的线圈回路。KT 释放，它的延时断开的动断触点 1-9 闭合，与 KM_{18} 触点 7-9 组成 KM_{18} 的自锁回路，这时电动机励磁电流由 J 流向 K。

（2）停车

按 SB_1，KM_{17} 断电，一方面切断电动机电枢电路，另一方面它的常闭触点 1-17 闭合，接通 KT 的线圈回路。KT 吸合，KT 触点 1-5 需延时预先整定的时间后才能闭合，故在这段时间内，主电路是不可能通电的；而另一触点 1-9 也需延时同样的时间后，才能切断 KM_{18} 的自锁回路，所以 KM_{18} 维持吸合状态，使励磁回路保持正常供电。如果在整定的延时时间内，按反转按钮 SB_3，既不能对电动机电枢回路供电，也不能使反转接触 KM_{19} 吸合。

（3）反转控制

经延时后 KT 触点 1-5 闭合，主电路接触器 KM_{17} 处于再次启动状态，KT 的触点 1-9 断开，KM_{18} 释放，使励磁回路也处于再次启动状态。此时，如需反转，按压按钮 SB_3，则 KM_{19} 吸合。它一方面使电动机励磁回路电流反向，即从 K 流向 J；另一方面接通 KM_{17} 的线圈回路，KM_{17} 主触点闭合，接通电动机电枢回路电源，电动机反转启动，则 KM_{17} 辅助触点 1-17 断开，使 KT 释放，KM_{19} 通过 KT 触点 1-9 自锁。松开按钮，电动机反向运转。

任务四　直流电动机的制动电路安装

1．带有能耗制动的反转电路

（1）电路特点

具有能耗制动的反转电路如图 4-10 所示。该电路与图 4-8 相同点是：R_1、R_2既为启动电阻又为调速电阻，并且有相同的保护电路。不同点是：主令开关 SA 触点既用于控制电动机的正反转，又起到调速功能。停车时的能耗制动是利用电压继电器 KA_2、KA_3 控制。它们的线圈工作时与电动机电枢并联，反映了电动机电枢电压即转速的变化，所以是用转速为原则来控制的。电动机的正转或反转，是以改变电枢电压极性来实现的。正转时，接触器 KM_2 接通，电枢电压是左正右负。反转时 KM_3 接通，电枢电压是右正左负。

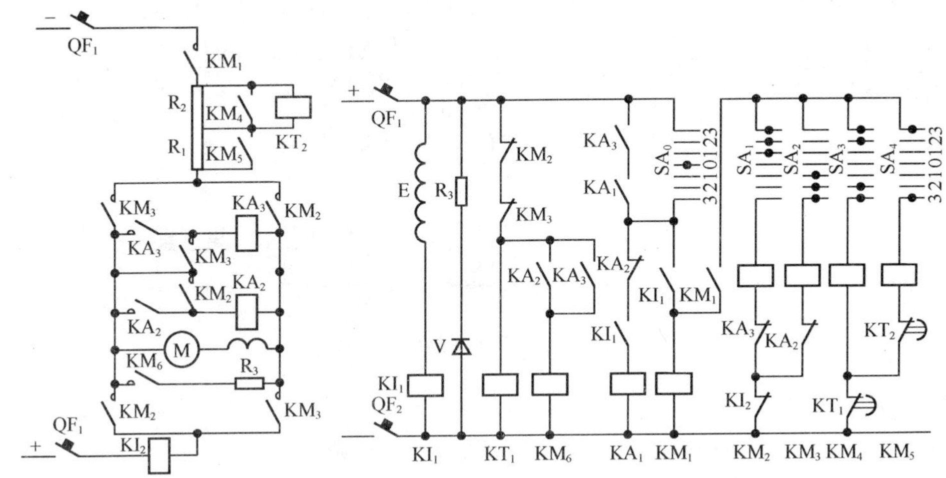

图 4-10　具有能耗制动的并励电动机的正反转控制电路

（2）电路控制过程

正转时，主令开关 SA 扳到正转位置“3”的位置，合上电源开关。电路工作情况如下：

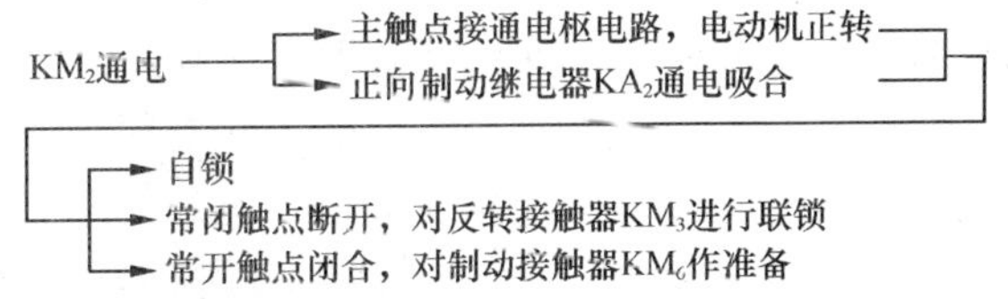

停车制动：将主令开关 SA_0 扳到零位，接触器 KM_2 断电，断开电动机电源，电动机以惯性继续旋转，电机导体切割磁场产生感应电动势，使 KA_2 中仍有电流通过而不释放。由于 KM_2 的常闭触点闭合，接通了制动接触器 KM_6 线圈电路，使其吸合。KM_6 的常开触点将电阻 R_3 与电枢形成闭合回路，电动机进行能耗制动，转速急剧下降。随着制动过程的进行，其电枢电势也随转速的下降而降低，当转速降到一定程度，KA_2 释放，其触点断开，切断自锁回路和制动接触器 KM_6 的线圈回路，制动结束。

当把 SA 从正转扳到反转时，由于正转电压继电器的联锁作用，保障先制动后反转。

反转控制过程与正转基本相同。

（3）故障分析

① 电动机停车不制动：接触器 KM_2 或 KM_3 的常闭触点接触不良，电压继电器 KA_2 或

KA_3常开触点接触不良，接触器KM_6本身有故障（如接触器KM_6吸合，故障在制动电路，可能是KM_6主触点接触不良，电阻断路）。

② 将主令开关SA扳到反转位置，电动机不反转，其原因有：接触器KM_3不吸合，可能是主令开关的触点接触不良，电压继电器KA_3常闭触点接触不良，电流继电器KI_2常闭触点接触不良。如KM_3吸合，可能是其主触点接触不良，空气断路器QF_2断开。

2．反接制动控制电路

当要求电动机迅速正反转时，可采用反接制动控制电路，如图4-11所示。

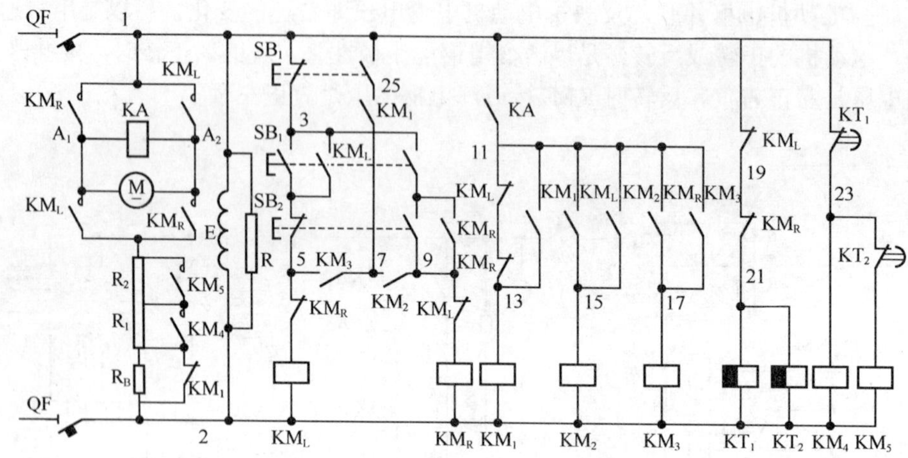

图4-11　直流反接制动的控制电路

（1）电路特点

① 增加了一个反接制动电阻R_B，以限制制动时的电流。

② 利用电压继电器KA，根据电枢反电动势控制制动电阻R_B的自动接入与及时切除。

（2）电路控制过程

合上电源开关QF，励磁绕组通电开始励磁。同时，时间继电器KT_1和KT_2线圈通电吸合，它们的延时闭合常开触点瞬时断开，接触器KM_4和KM_5线圈处于断电状态。时间继电器KT_2的延时时间大于KT_1的延时时间，此时电路处于准备工作状态。

按下正向按钮SB_2，接触器KM_L线圈通电吸合，其主触点闭合，直流电动机电枢回路串入电阻R_1和R_2而减压启动，KM_L的常闭触点1-19断开，时间继电器KT_1和KT_2断电。经过一定的延时后，KT_1延时闭合的动断触点先闭合，然后KT_2延时闭合的常闭触点闭合，接触器KM_4和KM_5先后通电吸合，先后切除电阻R_1和R_2，电动机进入正常运行。

由于启动时电动机的反电动势等于零，电压继电器KA不会动作，所以接触器KM_1，KM_2（或KM_3）都不会动作；当电动机建立反电动势后，电压继电器KA吸合，其常开触点闭合，接触器KM_2通电吸合并自锁，其常开触点7-9闭合，为反接制动做好推备。

若要使电动机反转，可按下停止按钮SB_1，接触器KM_L断电，此时，电动机做惯性运转，反电动势仍较高，电压继电器KA不会释放，因KM_L释放后，KM_1线圈通电吸合并自锁，同时KM_1触点25-7闭合，使接触器KM_R瞬时通电吸合，电枢通以反向电流，产生制动转矩。同时接在R_B上的常闭触点断开，将反接电阻R_6串入电枢回路，使电动机串入反接电阻R_B的情况下进行反接制动而迅速停转。待电动机转速接近零时，电枢的反电势也接近于零，电压继电器KA断电释放，断开接触器KM_1，使KM_1的常闭触点闭合，KM_2、KM_R断电释放，制动结束。

任务五　直流电动机的常见故障与检修

直流电动机的故障可分为机械部分故障和电气部分故障两类。未通电时就存在的故障属于机械故障，如轴承、铁芯、风扇、机座、转轴等处的故障；通电后才出现的故障为电气故障，如励磁绕组、电枢绕组、电刷、换向器等导电部分的故障。无论是机械故障还是电气故障，都将引起电动机不能正常工作。直流电动机常见故障的现象、引起故障的可能原因及处理故障的方法见表4-4。

表4-4　直流电动机常见故障的现象、可能的原因及处理故障的方法

故障现象	引起故障的可能原因	处理方法
电动机无法启动或不能达到额定转速	进线或主要线路开路	检查熔断器是否良好，电源电压是否正常，开关闭合后接点接触情况是否良好，电刷与电换向器接触是否良好，换向磁极线圈、补偿线圈、串联线圈各接头之间焊接是否良好，有无开路等情况
	并励绕组断路或错接	检查并励绕组的直流电阻是否止常，用指南针检查绕组的各个极性是否南、北极交替
	过载或传动机构卡死	检查机械部分有无卡涩，如有卡涩则应消除故障点；如负载过大，则应减小负载
	启动器故障	测量电枢两端电压是否正常，如低于正常值就可能发生了故障，须检查后消除
	换向磁极或串励绕组接反	检查换向磁极和串励绕组的极性；可用磁针法或交流电压表法检查；若接错只要对调线圈头、尾即可
	励磁电流大	检查磁场变阻器有无短接情况，并励绕组有无匝间短路
	电枢绕组或换向器片间短路，并励绕组被机体或其他绕组短路	测量并励绕组的直流电阻、对机体及对其他绕组的绝缘电阻，测量换向片间电阻，找出故障点后分别消除
	电刷不在中性线上	调整电刷位置使其处于几何中心线上
电动机转速过高	电枢电压超过额定值	调整电源电压或电枢电路变阻器
	励磁电流小	检查励磁回路电阻，看励磁绕组是否有匝间短路，或被机体和其他绕组短路
	串励电动机轻载	加大负载
	电刷不在中性线上	调整电刷位置使其处于几何中心线上
电动机振荡	电源电压波动	检查电源电压并使之稳定
	电刷不在中性线上、串励绕组接反、励磁电流太小	调整电刷位置使其处于几何中心线上；检查串励绕组的极性，可用磁针法或交流电压表法检查，若接错只要对调线圈头、尾即可
电动机反方向旋转时电刷下火花增大	电刷不在中性线上	调整电刷位置使其处于几何中心线上
电动机温升过高	电源电压不符合要求	调整电源电压使之符合要求
	电动机长期过载或拖动机械惯性过大	减小负载或更换容量大的电动机

续表

故障现象	引起故障的可能原因	处理方法
电动机温升过高	电动机绕组接地或短路	检查电动机绕组的直流电阻、匝间或绕组与机体间的绝缘电阻
	均压线与换向器片间焊接不良或接线错误，主极气隙不匀	检查绕组接线头与换向片的连接情况
电动机温升过高	换向片之间或电枢绕组元件之间脏污	清理脏污
	大电流回路连接不良	检查电枢回路中各接头的连接情况
	通风不良	检查风扇、风道是否正常
	定、转子相擦	检查气隙是否均匀，轴承是否磨损，定子铁芯是否松动
电动机振动过大	转子不平衡或弯曲	修理转子或校正转子
	风叶不平衡	校正风叶
	地脚螺栓松动	紧固螺栓
	联轴器不平衡	校正联轴器
	润滑不良或轴承磨损	更换润滑或更换轴承
电刷下火花过大	电刷不在几何中心线上	调整电刷位置使其处于几何中心线上
	电刷与换向器接触不良	研磨电刷与换向器接触面
	电刷压力不正常	调整握刷弹簧或更换弹簧
	电刷磨损过度	更换原牌号电刷
	换向器表面有脏污	清理脏污
	换向极绕组接反	用指南针检查主磁极（N、S）和换向极（n、s）的极性顺序后改正接法。顺电机旋转方向，发电机为n-N-s-S，电动机为n-S-s-N
	电枢绕组有断路或短路	检查电枢绕组的直流电阻
	电动机过载	减轻负载
	换向极绕组短路	检查换向极绕组，并修复之
机壳漏电	电动机绝缘老化	重新对绕组进行浸漆处理
	引线碰壳	用绝缘布进行包扎碰壳处
	绝缘电阻过低	对绕组进行烘干或重新对绕组进行浸漆处理

二、项目基本知识

知识点一　直流电动机的工作原理

图 4-12 所示是一个最简单的直流电动机模型。在一对静止的磁极 N 和 S 之间，装设一个可以绕 $Z—Z'$ 轴而转动的圆柱形铁芯，在它上面装有矩形的线圈 abcd。这个转动的部分通常叫做电枢。线圈的两端 a 和 d 分别接到叫做换向片的两个半圆形铜环 1 和 2 上（见图 4-13）。换向片 1 和 2 之间是彼此绝缘的，它们和电枢装在同一根轴上，可随电枢一起转动。A 和 B 是两个固定不动的碳质电刷，它们和换向片之间是滑动接触的。来自直流电源的电流就是通过电刷和换向片流到电枢的线圈里。

当电刷 A 和 B 分别与直流电源的正极和负极接通时，电流从电刷 A 流入，而从电刷 B 流出。这时线圈中的电流方向是从 a 流向 b，再从 c 流向 d。我们知道，载流导体在磁场中要受到电磁力，其方向由左手定则来决定。当电枢在图 4-13（a）所示的位置时，线圈 ab 边的电流从 a 流向 b，用⊕表示，cd 边的电流从 c 流向 d，用⊙表示。根据左手定则可以判断出，ab 边受力的方向是从右向左，而 cd 边受力的方向是从左向右。这样，在电枢上就产生了逆时针方向的转矩，因此电枢就将沿着逆时针方向转动起来。

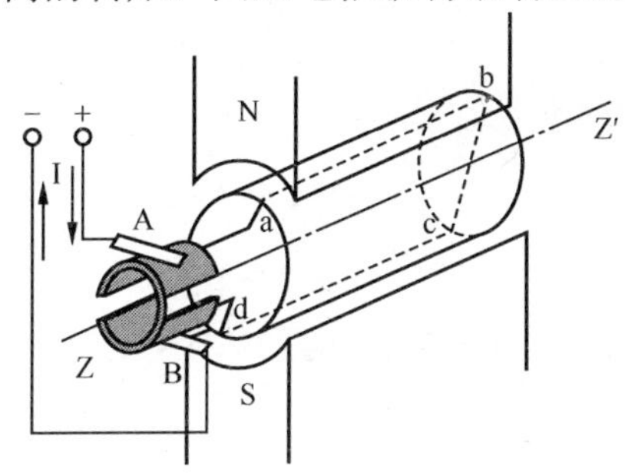

图 4-12　直流电动机模型

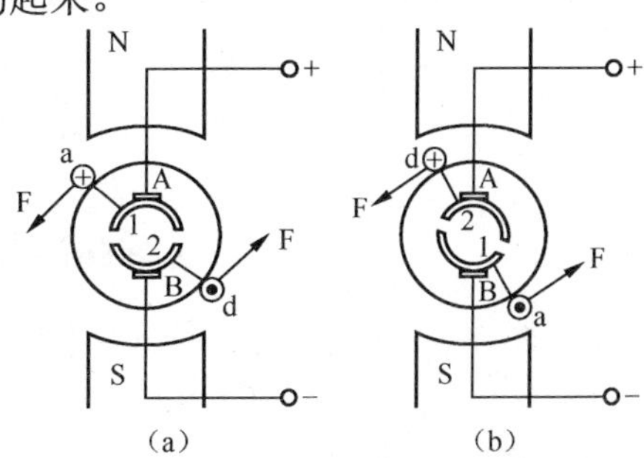

图 4-13　换向器在直流电机中的作用

当电枢转到使线圈的 ab 边从 N 极下面进入 S 极，而 cd 边从 S 极下面进入 N 极时，与线圈 a 端连接的换向片 1 跟电刷 B 接触，而与线圈 d 端连接的换向片 2 跟电刷 A 接触，如图 4-13（b）所示。这样，线圈内的电流方向变为从 d 流向 c，再从 b 流向 a，从而保持在 N 极下面的导体中的电流方向不变。因此，转矩的方向也不改变，电枢仍然按照原来的逆时针方向继续旋转。由此可以看出，换向片和电刷在直流电机中起着改换电枢线圈中电流方向的作用。

图 4-13 所示的直流电动机只有一匝线圈，它所受到的电磁力是很小的，而且有较大的脉动。如果由直流电源流入线圈的电流大小不变，磁极磁密在垂直于导体运动方向的空间按正弦规律分布，电枢为匀速转动时，此电机由电流和磁场产生的电磁转矩随时间变化的波形，如图 4-14 所示。由图可以看出，转矩是变化的，除了平均转矩外，还包含着交变转矩。为了克服这些缺点，实际的电动机都是由很多匝线圈组成，并且按照一定的连接方法分布在整个电枢表面上，通常称为电枢绕组。随着线圈数目的增加，换向片的数目也相应地增多，由许多换向片组合起来的整体叫做换向器。

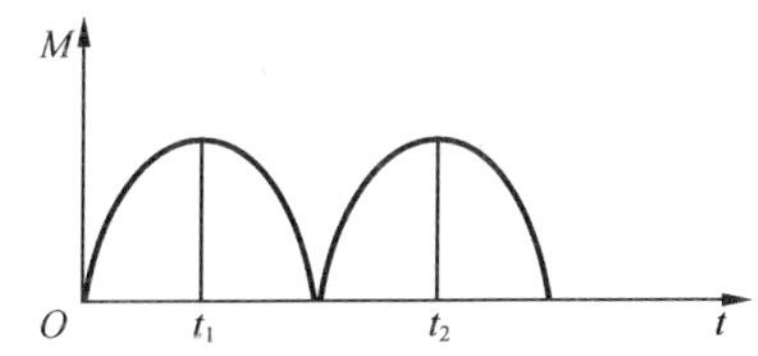

图 4-14　平均电磁转矩的产生

由上可知，直流电动机工作时，首先需要建立一个磁场，它可以由永久磁铁或由直流励磁的励磁绕组来产生。由永久磁铁构成磁场的电动机叫永磁直流电动机。对由励磁绕组来产生磁场的直流电动机，根据励磁绕组和电枢绕组的连接方式的不同，分为他励电动机、并励电动机、串励电动机、复励电动机。他励电动机是电枢与励磁绕组分别用不同的电源供电，如图 4-15（a）所示，永磁直流电动机也属于这一类；并励电动机是指由同一电源供电给并联着的电枢和励磁绕组，如图 4-15（b）所示；串励电动机的励磁绕组和电枢绕组相串联，串励绕组中通过的电流和电枢绕组的电流大小相等，如图 4-15（c）所示；复励电动机是既有并励绕组又有串励绕组，并励绕组和串励绕组的磁势可以相加，也可以相减，前者称为积复励，后者称为差复励，如图 4-11（d）所示。

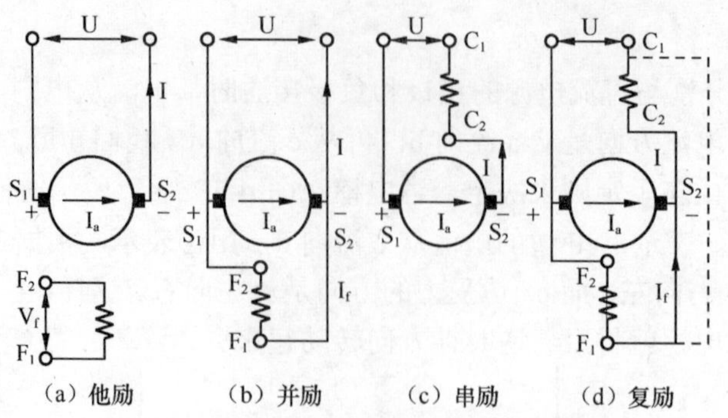

图 4-15　直流电动机按励磁分类接线图

知识点二　直流电动机的调速原理

要改变直流电动机的转速 n 可以采用 3 种方法，即改变转子电阻 R_a 的大小，改变转子电源电压 U 的大小或改变主磁通 Φ 的大小。

1．改变转子电阻调速

如图 4-16（a）所示，在保持转子电源电压 U 和主磁通 Φ 不变的情况下，在转子电路中串联一个附加电阻 R_{ac}，使转子电路的总电阻变成（R_a+R_{ac}）。这样直流电动机的机械特性曲线的斜率将比原来增大了，而理想空载转速不变，如图 4-16（b）所示。附加电阻 R_{ac} 越大，特性曲线的斜率就越大。当负载转矩不变时，$M_C=M_L+M_0$ 不变，转子的转速 n 将随之下降了。转速下降的具体过程如下所述。

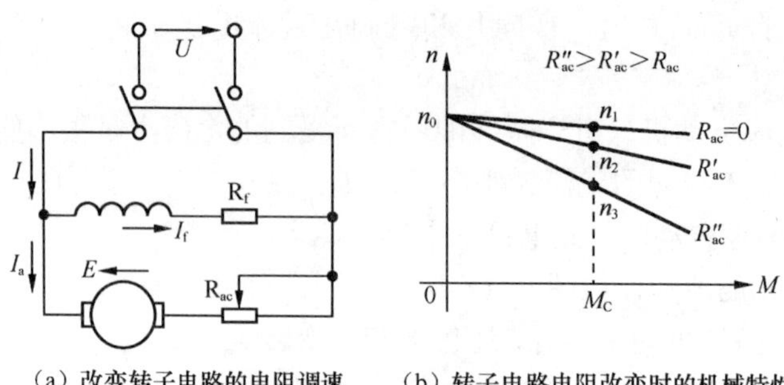

（a）改变转子电路的电阻调速　（b）转子电路电阻改变时的机械特性

图 4-16　改变转子电阻调速

假设直流电动机的负载转矩 M_L 不变（M_C 不变），且直流电动机以转速 n_1 稳定运行。当加入或增大 R_{ac} 时，由于惯性，电动机转速还来不及变化，仍为 n_1，相应的感生电动势 $E=C_E\Phi n$ 也不变，这就导致了电驱电流减少，电磁转矩 $M=C_M\Phi I_a$ 下降，原来的转矩平衡被破坏，暂时出现 $M<M_L$，电动机将减速运行，n 下降。转速下降，相应地感生电动势 E 也下降，转子电流 I_a 重新增大，电磁转矩 M 也重新上升，最终转矩又重新达到平衡，再次使 $M=M_L$，这时电动机在较低的转速 n_2 下稳定运行。

2．改变转子电压调速

如图 4-17（a）所示，在保持主磁通 Φ 和转子电路电阻 R_a 不变的情况下，调节转子电源电压 U 可改变直流电动机的转速。这种调速方法仅适用于他励式直流电动机。因为定子电路的直流电压 U_f 不允许随之变化，这就要求定子、转子各使用不同的直流电源。

由机械特性方程可知：当转子电源电压 U 改变时，理想空载转速 $n_0 = \dfrac{U}{C_E\Phi}$ 将随之变化，而特性曲线的斜率 b 不变，如图 4-17（b）所示。随着 U 的调低，机械特性曲线将向下平移。如果负载转矩 M_L 不变（M_C 不变），转速 n 将随之下降 $n_1 > n_2 > n_3$，起到了调速的作用。

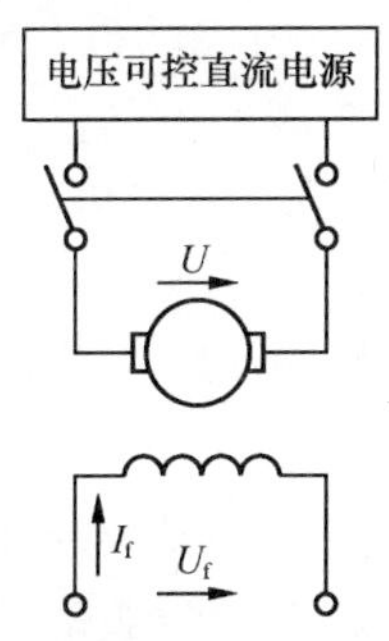

（a）改变转子电压调速

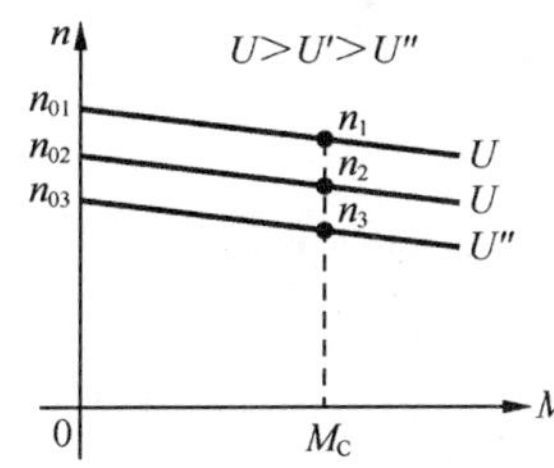

（b）他励式电动机改变转子电压时的机械特性

图 4-17　改变转子电路电压调速

3．改变主磁通调速

如图 4-18（a）所示，改变主磁通的调速实际上是在保持电源电压 U 和转子电阻 R_a 不变的情况下，调节定子线圈中的串联电阻 R_f，从而改变定子电流 I_f（也就是主磁通 Φ）的大小进行调速。因为定子电路中串联一个附加电阻 R_{fc} 将使 I_f 减小，主磁通 Φ 减小。由机械特性方程可知：主磁通 Φ 的减少将使理想空载转速 $n_0 = \dfrac{U}{C_E\Phi}$ 上升，曲线斜率 $b = \dfrac{R_a}{C_E C_M \Phi^2}$ 更显著地上升，相应的机械特性曲线上移，且倾斜程度增加。如果负载转矩不变，转速 n 将上升，如图 4-18（b）所示。调速的具体过程如下所述。

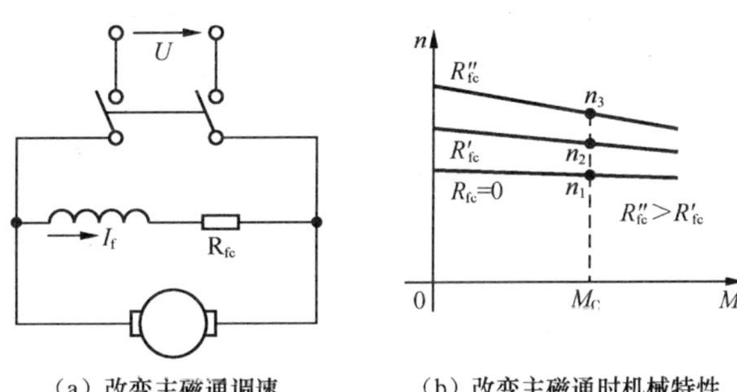

（a）改变主磁通调速　　（b）改变主磁通时机械特性

图 4-18　改变主磁通调速

接入或增大 R_{fc}，I_f 减小，主磁通 Φ 减小，由于惯性转速 n 来不及变化，$E=C_E\Phi n$ 将随 Φ 的减小而减小，转子电流 $I_a = \dfrac{U-E}{R_a}$ 增加，因 R_a 很小，I_a 的增加比 Φ 的变化所造成的影响更显著。而 I_a 的增加将使电磁转矩 M 增加，暂出现 $M > M_C$，因此，电动机将加速运转，使 n 上升，E 回升，I_a 下降，M 下降，最终使 $M=M_C$，这时电动机在较高转速下稳定运行。

知识点三　录音机中的电动机工作原理

1．双卡录音座中的电动机

在双卡录音座中一般使用工作电压为几十伏的直流电动机。按其功能分有转矩电动机和稳速电动机两种。转矩电动机主要用于对磁带进行快速进带或快速退带，它不要求速度的稳定。稳速电动机主要用于磁带放音时带动磁带稳速运转，它对速度的稳定要求较高。按稳速方式分有电子稳速和机械稳速两种，目前录音座中基本上全部采用电子稳速电动机，由于机械稳速电动机会产生脉冲噪声，加之内部触点的使用寿命短，已基本淘汰。按其结构分有永磁直流电动机、空心电动机以及直流无刷电动机、FG 调速直流电动机及双速电动机。

永磁直流电动机是利用普通的永久磁铁和电刷整流子组成的电动机，它的内部无稳速装置，因此，工作电压的变化及负载的变化对其速度的影响较大，它只可作为转矩电动机使用。

空心电动机与其他电动机相比，它的转子内部无铁芯，定子采用永久磁铁，并有一套电刷整流系统。由于转子中无铁芯，能量损耗较小，因此转矩较大，一般可以作为转矩电动机使用。

直流无刷电动机就是将永磁直流电动机中的电刷整流子更换成半导体器件，因而提高了电动机的使用寿命，降低了运转噪声，并且电动机的运转速度较为额定。它可以作为音座的主导轴驱动电动机。

FG 调速电动机是一种电子稳速电动机。在电动机的内部装有一只频率发生器（FG），当电动机运转时，检测出与电动机转动速度有关的脉冲信号，再与频率发生器产生的基准频率进行比较，得出它们之间的差信号，再去控制电动机的转速。由于频率发生器的基准频率很准，因此电动机的转速十分稳定。由于在电动机的内部没有稳速电路，通过调节频率发生器的基准频率，就可以在一定范围内调节电动机的转速，因此，在电动机的后盖设有一个可调电阻，以达到人工调节速度的目的。目前的录音座中一放都采用 FG 调速电动机。

双速电动机与普通单速电动机相比多了一套转速转换电路，电动机的控制引线有 4 根，两根为电源供电引线，另两根为转速控制引线。双速电动机的稳速也是依靠电子稳速电路的。

2．电动机电子稳速控制电路

电动机的运行速度的控制主要是依靠其电子稳速电路完成的，图 4-19 所示为电子稳速电路图。从图中可以看出，该电路由基准参考电压、电压比较器、分流管及调整管组成。电位器的动片和基准参考电压各送出 V_1 和 V_2 给电压比较器，如果电动机的转速平稳，V_1 和 V_2 相等，电压比较器无电压输出。如果外界电压升高使电动机的转速变快时，电位器动片上输出的电压同时上升，经过电压比较器的正端输入后与基准参考电压进行比较，输出两者之间的误差信号使调整管 VT 的基极电压下降，集电极电压升高，从而使电动机两端的电压下降，使电动机恢复至正常速度；如果因外界电压降低使电动机转速变慢，其工作原理与上述相反。

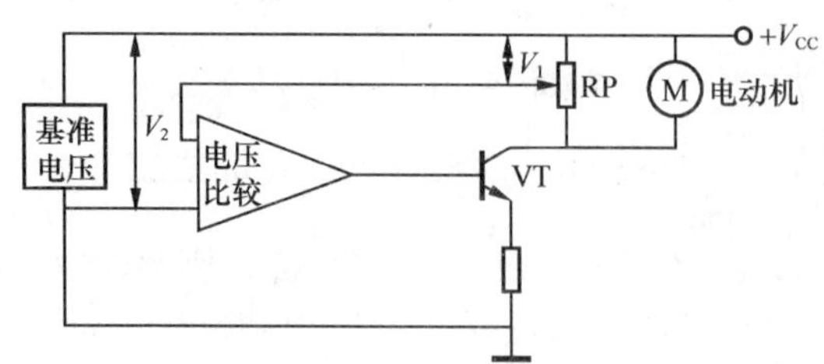

图 4-19　电动机电子稳速电路

3．录音座电机常速、倍速控制

在录音座中一般均设置了两种走带的速度，即普通走带速度 4.76cm/s，供正常重放使用；

另一种走带速度是普通磁带的一倍，即 9.52cm/s。如果当录音座的两个卡座之间需要进行相互之间转录时，按照磁带常速走带速度进行录音，录音的时间和放音的时间一样长，因而效率较低。如果将磁带的走带速度提高一倍进行录音，则录制的时间可以缩短一半，同时由于快速复制时带速较高，高频能量损耗小，因此，快速复制对录音和放音的高频补偿量较小。

电动机的常速、倍速转换电路是利用改变放大器的负反馈量来进行转速转换的，当放大器的负反馈量越大，放大器的增益就越小，输出电压也就越低，电动机的转速相应地变慢，反之电动机的转速则变快。

图 4-20 所示为录音座双卡电动机的常速、倍速实际控制电路。图中的 S 为电动机常速、倍速转换开关，RP_1～RP_4 为负反馈微调电阻。

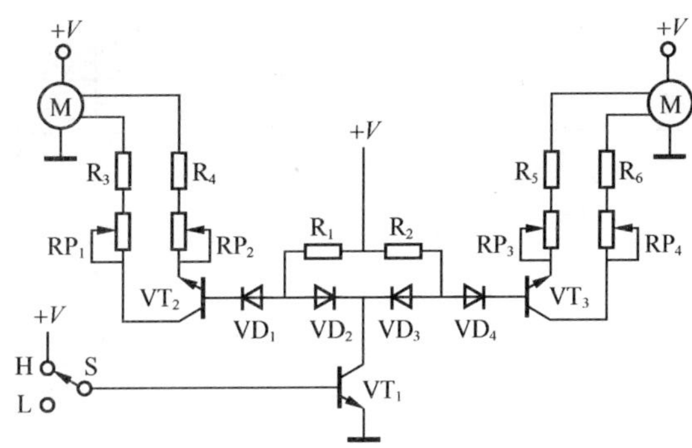

图 4-20　电动机的常速、倍速实际控制电路

当开关 S 位于倍速 H 位置时，直流控制电压+V 加到 VT_1 管的基极，使 VT_1 管饱和导通，导致电动机电源+V 的下降，并由 VD_2、VD_3 钳位于低电位，因此使 VT_2、VT_3 不能导通，电动机内部放大器的负反馈量减小，电动机的工作电压上升，使电动机的转速变快，为倍速状态。

当 S 位于常速 L 位置时，VT_1 管因无基极偏置而截止，相当于 VT_1 开路。直流工作电压+V 通过 R_1、VD_1 和 R_2、VD_4 分别使 VT_2 和 VT_3 管饱和导通。由于两管的导通，使 R_3、RP_1 和 R_4、RP_2 之间及 R_5、RP_3 和 R_6、RP_4 之间相并联，电动机内部的放大器的负反馈量增大，从而使电动机的控制电压下降，电动机工作在常速状态。

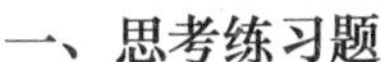

项目学习评价

一、思考练习题

1. 简述直流电动机的结构与拆装步骤。
2. 直流电动机的调速电路有哪几种？
3. 录音座电动机用到哪种电动机？录音座电动机如何实现稳速控制？

二、自我评价、小组互评及教师评价

评价项目	项目评价内容	分值	自我评价	小组评价	教师评价	得分
理论知识	① 对直流电动机工作原理的认识	5				
	② 录音座电动机的稳速控制	10				
	③ CD 唱机主轴电动机恒速控制	10				

续表

评价项目	项目评价内容	分值	自我评价	小组评价	教师评价	得分
实操技能	① 直流电动机的拆装	10				
	② 直流电动机常见故障与检修	15				
	③ 复印机电动机的控制	15				
安全文明生产	① 正确使用万用表、兆欧表	5				
	② 工具的使用及放置	5				
	③ 卫生保持	5				
学习态度	① 出勤情况	5				
	② 实验室纪律	5				
	③ 团队协作精神	10				

三、个人学习总结

成功之处	
不足之处	
改进方法	

项目五　其他控制电机的拆装与控制

项目情境创设

在数字控制系统中使用的步进电机是由脉冲信号控制的，步距角和转速大小不受电压波动和负载变化的影响，也不受各种环境条件诸如压力、振动、温度等影响，仅仅与脉冲频率成正比，通过改变脉冲频率的高低可以大范围地调节电动机的转速，并能实现快速启动、制动、反转，而且有自锁能力，不需要机械制动装置，不经减速器也可以低速运行。

无刷直流电动机在使用过程中利用电子器件及其控制电路代替传统的机械换向器，避免了电刷和换向器的滑动接触，提高了运行的可靠性，同时还能够保留普通直流电动机优良的调速性能。

伺服电动机又称执行电动机，在自动控制系统中，用作执行元件，其任务是把所收到的电信号转换成电动机轴上的角位移或角速度输出。其主要特点是，当信号电压为零时，无自转现象，转速随着转矩的增加而匀速下降。

项目学习目标

项目学习目标		学习方式	学时
技能目标	① 认识步进电机、伺服电机、无刷直流电机的外形特征 ② 能正确拆装各种控制电机	学生实际拆装、检测常见特种控制电机；教师指导演示、调试和维修	4 课时
知识目标	① 掌握特种控制电机的工作原理 ② 掌握特种电机的拆装与调整方法	教师讲授重点：特种控制电机的使用特性及维护方法	4 课时

项目基本功

一、项目基本技能

任务一　步进电机的结构与安装

1．步进电机的分类

步进电机按照不同的分类方法可进行以下分类。

（1）按运动方式可分为旋转运动、直线运动和平面运动等几种。

（2）按工作原理可分为反应式、永磁式和永磁感应式等几种。其中，反应式步进电机又可分为单段式和多段式两种形式。

（3）按输出力矩的大小可分为伺服型步进电机、功率型步进电机。

2．步进电机的结构

步进电机结构如图 5-1 所示。

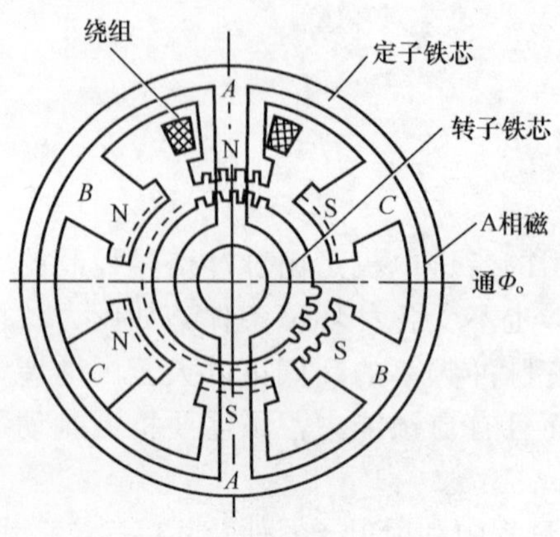

图 5-1　步进电机结构图

3．步进电机的型号参数及种类的统计（见表 5-1）

表 5-1　步进电机的型号参数

型号	线圈电阻	主要零部件	
		名称	作用

4．三相反应式步进电机的拆装

（1）卸下前后端盖紧固螺钉，取下端盖。

（2）卸下转子轴轴承，取出波纹垫圈。

（3）抽出转子铁芯。

（4）检查转轴轴承是否有严重磨损，根据实际情况确定是否更换。

（5）按拆卸的逆序进行装配。

（6）装配时注意安装顺序是否符合要求及叠片连接是否紧密。

（7）装配结束后，先用万用表测量各对触点的通断情况。

（8）拆装时的注意事项：拆卸时，应备有盛放零件的容器，以防丢失零件。拆卸过程中，不允许硬撬，以防损坏电器。

（9）将拆装有关内容记录到表 5-2 中。

表 5-2　　反应式步进电机的拆装记录

拆装步骤	主要零部件	
	名称	作用

任务二　无刷直流电动机的结构与拆装

1．无刷直流电动机的分类

（1）按照晶体管开关电路的不同可分为桥式和非桥式两种。

（2）按照使用的位置传感器形式的不同可分为：光电式、电磁式、磁敏元件式和接近开关式。

2．无刷直流电动机的结构（见图 5-2 和图 5-3）

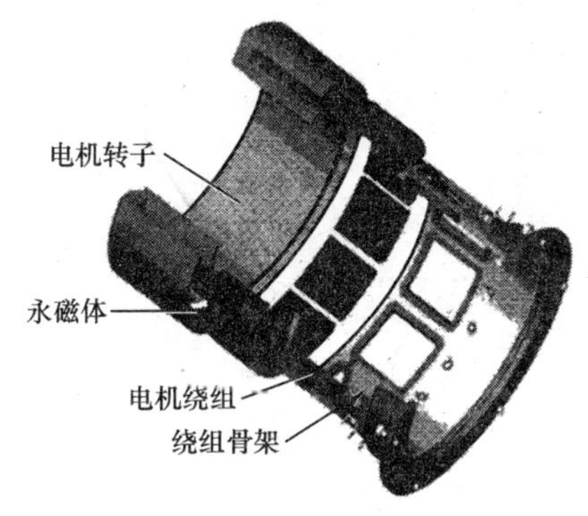

图 5-2　无刷直流电动机结构图

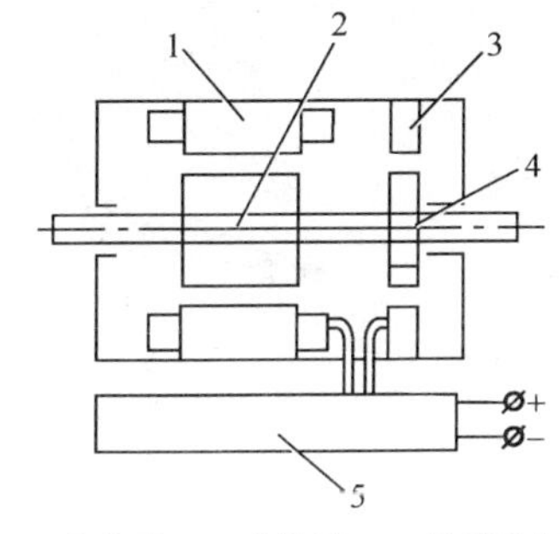

1—主定子；2—主转子；3—传感器定子；4- 传感器转子；5—电子换向开关电路

图 5-3　无刷直流电动机结构示意图

3．无刷直流电动机的拆装

（1）卸下前后端盖紧固螺钉，取下端盖。

（2）卸下电机主转子轴。

（3）拆下传感器转子。

（4）卸下电子换向开关连接线路。

（5）按拆卸的逆序进行装配。

（6）装配结束后，先用万用表测量连接线路的通断情况。

（7）拆装时的注意事项：拆卸时，应备有盛放零件的容器，以防丢失零件。拆卸过程中，不允许硬撬，以防损坏电器。

（8）将拆装有关内容记录到表 5-3 中。

表 5-3　无刷直流电动机的拆装记录

拆装步骤	主要零部件	
	名称	作用

任务三　伺服电动机的结构与拆装

1．伺服电动机的分类

常用的伺服电动机可分为两大类，以交流电源工作的称为交流伺服电动机，其结构见图 5-4；以直流电源工作的称为直流伺服电动机，其结构示意见图 5-5。

图 5-4　交流伺服电动机结构图

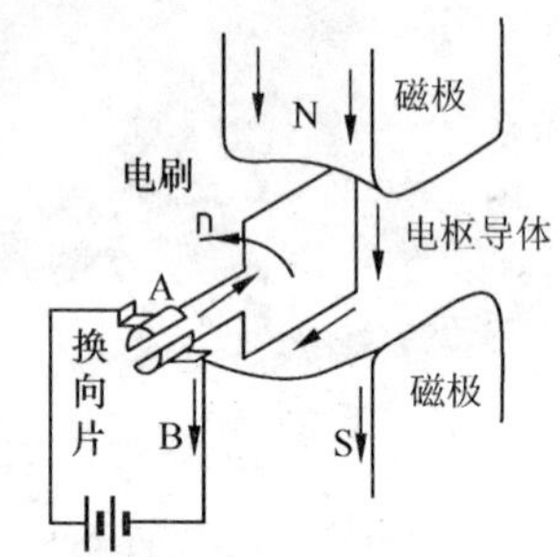

图 5-5　直流伺服电动机结构示意图

2．伺服电动机的结构

如图 5-5 所示，伺服电机的结构主要包括 3 大部分。

（1）定子

定子磁极磁场由定子的磁极产生。根据产生磁场的方式，直流伺服电动机可分为永磁式和他激式。永磁式磁极由永磁材料制成，他激式磁极由冲压硅钢片叠压而成，外绕线圈通以直流电流便产生恒定磁场。

（2）转子

转子又称为电枢，由硅钢片叠压而成，表面嵌有线圈，通以直流电时，在定子磁场作用下产生带动负载旋转的电磁转矩。

（3）电刷与换向片

为使所产生的电磁转矩保持恒定方向，转子能沿固定方向均匀地连续旋转，电刷与外加直流电源相接，换向片与电枢导体相接。按下复位按钮，观察是否灵活，调整部件是否松动。

3．直流伺服电动机的结构与拆装

（1）卸下前后端盖紧固螺钉，取下端盖。

（2）卸下橡胶油封。

（3）拆下转子轴承。

（4）卸下电机转子。

（5）卸下电机制动装置。

（6）卸下金属连接器。

（7）按拆卸的逆序进行装配。

（8）装配结束后，先用万用表测量金属连接器线路的通断情况。

（9）拆装时的注意事项：拆卸时，应备有盛放零件的容器，以防丢失零件。拆卸过程中，不允许硬撬，以防损坏电器。

（10）将拆装有关内容记录到表 5-4 中。

表 5-4　直流伺服电动机的拆装记录

拆装步骤	主要零部件	
	名称	作用

二、项目基本知识

知识点一　步进电机的工作原理

1．反应式步进电机的工作原理

图 5-6 所示是最常见的三相反应式步进电动机的剖面示意图。电动机的定子上有 6 个均布的磁极，其夹角是 60°。各磁极上套有线圈，按图连成 A、B、C 三相绕组。转子上均布 40 个小齿。所以每个齿的齿距为 θ_E=360°/40=9°，而定子每个磁极的极弧上也有 5 个小齿，且定子和转子的齿距和齿宽均相同。由于定子和转子的小齿数目分别是 30 和 40，其比值是一分数，这就产生了所谓的齿错位的情况。

若以 A 相磁极小齿和转子的小齿对齐，如图 5-6 所示，那么 B 相和 C 相磁极的齿就会分别和转子齿相错 1/3 的齿距，即 3°。因此，B、C 极下的磁阻比 A 磁极下的磁阻大。若给 B 相通电，B 相绕组产生定子磁场，其磁力线穿越 B 相磁极，并力图按磁阻最小的路径闭合，这就使转子受到反应转矩（磁阻转矩）的作用而转动，直到 B 磁极上的齿与转子齿对齐，恰好转子转过 3°；此时 A、C 磁极下的齿又分别与转子齿错开 1/3 齿距。接着停止对 B 相绕组通电，而改为 C 相绕组通电，同理，受反应转矩的作用，转子按顺时针方向再转过 3°。依次类推，当三相绕组按 A→B→C→A 顺序循环通电时，转子会按顺时针方向，以每个通电脉冲转动 3° 的规律步进式转动起来。

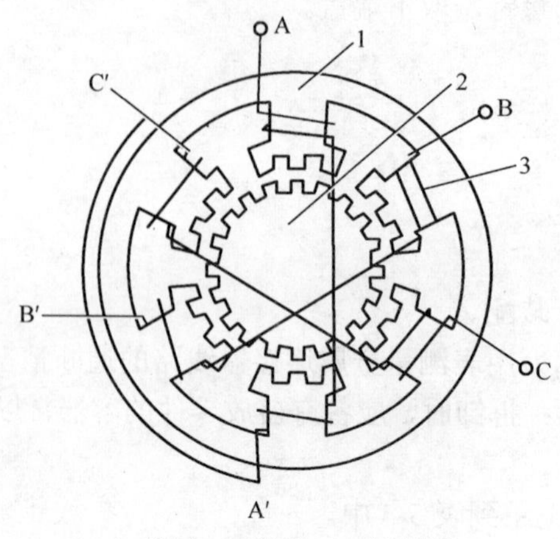

1—定子；2—转子；3—定子绕组

图 5-6　反应式步进电动机的原理图

若改变通电顺序，按 A→C→B→A 顺序循环通电，则转子就按逆时针方向以每个通电脉冲转动 3° 的规律转动。因为每一瞬间只有一相绕组通电，并且按 3 种通电状态循环通电，故称为单三拍运行方式。单三拍运行时的步矩角θ_b为 30°。三相步进电动机还有两种通电方式，它们分别是双三拍运行，即按 AB→BC→CA→AB 顺序循环通电的方式，以及单、双六拍运行，即按 A→AB→B→BC→C→CA→A 顺序循环通电的方式。六拍运行时的步矩角将减小一半。反应式步进电动机的步距角可按下式计算：

$$\theta_b=360^\circ/NE_r \quad (1)$$

式中，E_r——转子齿数；

N——运行拍数，$N=km$，m 为步进电动机的绕组相数，k=1 或 2。

步进电动机在启动时，除了要克服静负载转矩以外，还要克服加速时的负载转矩，如果启动时频率过高，转子就可能跟不上而造成振荡。因此，制造厂规定了在一定负载转矩下可以不失步运行的最高频率。此频率成为连续运行频率。由于此时加速度较小，机械惯性影响不大，所以连续运行频率要比启动频率高得多。选用步进电动机时要根据实际工作情况，综合考虑步距角、转矩、频率以及精度是否能满足系统的要求。

2．步进电机的基本参数

（1）电机固有步距角

它表示控制系统每发一个步进脉冲信号，电机所转动的角度。电机出厂时给出了一个步距角的值，如 86BYG250A 型电机给出的值为 0.9°/1.8°（表示半步工作时为 0.9°、整步工作时为 1.8°），这个步距角可以称之为“电机固有步距角”，它不一定是电机工作时的实际步距角，实际步距角和驱动器有关。

（2）步进电机的相数

步进电机的相数是指电机内部的线圈组数，目前常用的有二相、三相、四相、五相步进电机。电机相数不同，其步距角也不同，一般二相电机的步距角为 0.9°/1.8°、三相的为 0.75°

/1.5°、五相的为 0.36°/0.72°。步进电机增加相数能提高性能，但步进电机的结构和驱动电源都会更复杂，成本也会增加。

（3）保持转矩（Holding Torque）

保持转矩也叫最大静转矩，是在额定静态电流下施加在已通电的步进电机转轴上而不产生连续旋转的最大转矩。它是步进电机最重要的参数之一，通常步进电机在低速时的力矩接近保持转矩。由于步进电机的输出力矩随速度的增大而不断衰减，输出功率也随速度的增大而变化，所以保持转矩就成为了衡量步进电机最重要的参数之一。比如，当人们说 2N·m 的步进电机，在没有特殊说明的情况下是指保持转矩为 2N·m 的步进电机。

（4）步距精度

步距精度可以用定位误差来表示，也可以用步距角误差来表示。

（5）矩角特性

步进电机的转子离开平衡位置后所具有的恢复转矩，随着转角的偏移而变化。步进电机静转矩与失调角的关系称为矩角特性。

（6）静态温升

静态温升指电机静止不动时，按规定的运行方式中最多的相数通以额定静态电流，达到稳定的热平衡状态时的温升。

（7）动态温升

电机在某一频率下空载运行，按规定的运行时间进行工作，运行时间结束后电机所达到的温升叫动态温升。

（8）转矩特性

转矩特性表示电机转矩和单相通电时励磁电流的关系。

（9）启动矩频特性

启动频率与负载转矩的关系称为启动矩频特性。

（10）升降频时间

升降频时间指电机从启动频率升到最高运行频率或从最高运行频率降到启动频率所需的时间。

（11）Detent Torque 是指步进电机没有通电的情况下，定子锁住转子的力矩。Detent Torque 在国内没有统一的翻译方式，容易产生误解；反应式步进电机的转子不是永磁材料，所以它没有 Detent Torque。

3．步进电机的应用

步进电机是一种控制用的特种电机，作为执行元件，是机电一体化的关键产品之一，随着微电子和计算机技术的发展（步进电机驱动器性能提高），步进电机的需求量与日俱增。步进电机在运行中精度没有积累误差的特点，使其广泛应用于各种自动化控制系统，特别是开环控制系统。

4．步进电机的选择

选用步进电机时应注意以下几点。

（1）一般应选用力矩比实际需要大 50%～100%的步进电机，因为步进电机不能过负载运行，即便是瞬间过载都可能造成失步、停转或不规则原地来回晃动。

（2）上位控制器输入的脉冲电流必须够大（一般要大于 10mA），以确保光电耦合器稳定导通，否则会导致步进电机失步；如果输入脉冲频率过高，会因个别脉冲接收不到，导致步进电机失步。

（3）启动频率不应太高，应在启动程序中设置加速过程，即从规定的启动频率开始，加速到设定频率，否则就可能不稳定，甚至处于惰态。

（4）电机如果未固定好，造成强烈共振，也会导致步进电机失步。

（5）应了解步进电机的固有弱点：输入脉冲频率过高，易导致丢步；输入脉冲频率过低，易出现共振；转速偏高时扭矩降低明显。

（6）应了解最新型步进电机的性能，必要时选用采用了最新控制技术的高级步进电机系统，高级系统既可以使步进电机在高速状态下减少共振，还能运用减少步进电机反电动势的技术，增加电机在高速状态下的扭矩。

知识点二　无刷直流电动机的工作原理

1．无刷直流电动机的工作原理

无刷直流电动机由永磁体转子、多极绕组定子、位置传感器等组成。位置传感器按转子位置的变化，沿着一定次序对定子绕组的电流进行换流（即检测转子磁极相对定子绕组的位置，并在确定的位置处产生位置传感信号，经信号转换电路处理后去控制功率开关电路，按一定的逻辑关系进行绕组电流切换）。定子绕组的工作电压由位置传感器输出控制的电子开关电路提供。

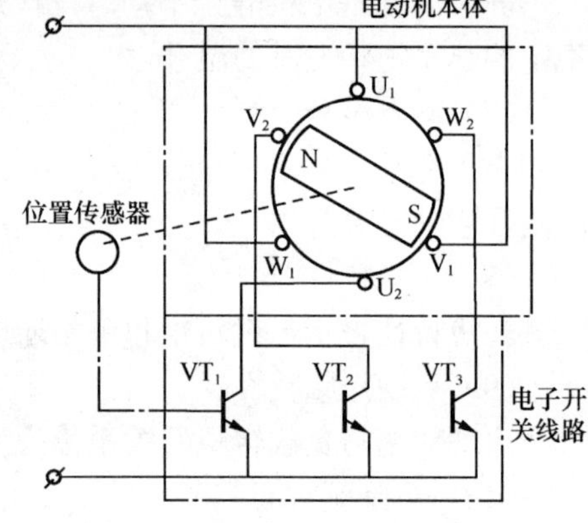

图 5-7　无刷直流电动机的原理图

图 5-7 中，直流电源通过开关电路向电动机定子绕组供电，位置传感器随时检测到转子所处的位置，并根据转子的位置信号来控制开关管的导通和截止，从而自动地控制哪些绕组通电，哪些绕组断电，实现了电子换向。

普通直流电动机的电枢在转子上，而定子产生固定不动的磁场。为了使直流电动机旋转，需要通过换向器和电刷不断改变电枢绕组中电流的方向，使两个磁场的方向始终保持相互垂直，从而产生恒定的转矩驱动电动机不断旋转。无刷直流电动机为了去掉电刷，将电枢放到定子上，而转子制成永磁体，这样的结构正好和普通直流电动机相反；然而，即使这样改变还不够，因为定子上的电枢通过直流电后，只能产生不变的磁场，电动机依然转不起来。为了使电动机转起来，必须使定子电枢各相绕组不断地换相通电，这样才能使定子磁场随着转子的位置在不断地变化，使定子磁场与转子永磁磁场始终保持左右的空间角，产生转矩推动转子旋转。

2．无刷直流电动机的基本类型

位置传感器有磁敏式、光电式和电磁式 3 种类型。

（1）磁敏式

采用磁敏式位置传感器的无刷直流电动机，其磁敏传感器件（如霍尔元件、磁敏二极管、磁敏三极管、磁敏电阻器或专用集成电路等）装在定子组件上，用来检测永磁体、转子旋转时产生的磁场变化。

（2）光电式

采用光电式位置传感器的无刷直流电动机，在定子组件上按一定位置配置了光电传感器件，转子上装有遮光板，光源为发光二极管或小灯泡。转子旋转时，由于遮光板的作用，定子上的光敏元器件将会按一定频率间歇产生脉冲信号。

（3）电磁式

采用电磁式位置传感器的无刷直流电动机，是在定子组件上安装有电磁传感器部件（如耦合变压器、接近开关、LC 谐振电路等），当永磁体转子位置发生变化时，电磁效应将使电磁传感器产生高频调制信号的（其幅值随转子位置而变化）。

3．无刷直流电动机的应用

无刷直流电动机是一种新型的直流电动机，与传统的直流电动机相比，无刷直流电动机具有优越的性能，在许多领域得到了广泛应用。

（1）在精密电子设备和器械中的应用

用来存放各种信息数据的计算机外存设备，其各种存储器的主轴电动机均采用高档精密无刷直流电动机，特别是用于硬盘驱动器的主轴电机，能悬浮于盘片上、下两侧以高速驱动磁盘稳定旋转，这对无刷直流电动机零部件和装配精度提出了很高要求。无刷直流电动机还广泛应用于医疗器械、激光打印机、复印机、卫星太阳能帆板驱动、医疗监控设备等领域。

（2）在家用电器中的应用

近年来的变频式空调机中使用了多台无极调速无刷直流电动机。无论是压缩机拖动，还是在风机、加湿机中，都逐步采用无刷直流电动机拖动方式，既提高机械可靠性，又降低成本。此外，在热水器、吸尘器、洗衣机、电风扇、搅拌机中使用无刷直流电动机可实现多功能自动操作，提高家电产品的自动化程度和效率。

（3）在工业系统中的应用

许多工业系统中，往往需要能精确定位又要快速动作的执行机构。在这些系统中采用无刷直流电动机的伺服控制，不仅提高了生产效率，而且大大改善了产品质量，例如，在毛巾印花机中，采用两套带光学编码器的无刷直流电动机伺服控制系统，定位准确，印花清晰，生产效率大大提高。无刷直流电动机还广泛应用于其他领域，如航空工业、军事国防等。现代控制理论的发展和应用促使许多新型交流伺服电机控制方法诞生，交流伺服电机是一个多变量、非线性、强耦合的控制对象，仅仅采用一般的控制方法，很难达到较高的性能要求。由于无刷直流电动机具有一系列的优点，应用领域宽广，更适合于高性能的交流伺服系统，因此，对无刷直流电动机交流伺服系统控制策略及应用的研究具有重要的价值和意义。

知识点三　伺服电动机的工作原理

1．伺服电动机的工作原理

伺服电动机也称执行电动机，是伺服系统中的重要元件，它具有一种服从控制信号的要求而动作的职能。在控制信号来到之后，电动机转子立即转动，转速随控制信号变化而变化；当控制信号消失，转子能即时自行停转。伺服电动机由于这种“伺服”的性能而得名。伺服电动机输入的电压控制信号称为控制电压，用 U_c 表示；改变控制电压 U_c 可以改变伺服电动机的转速和转向。

伺服电动机可分为交流伺服电动机和直流伺服电动机两大类：直流伺服电动机通常用在功率稍大的系统中，其输出功率一般为 1600W，有的也可达数千瓦；交流伺服电动机输出功率一般为 0.1～100W，其中，最常用的在 30W 以下。交流伺服电动机的定子结构和单相异步电动机相似，它的定子上装有两个在空间相差 90° 电角度的绕组，即励磁绕组和控制绕组。运行时，励磁绕组 f 与电容 C 串联后接交流励磁电源 u_f，控制绕组 c 上则加大小或相位随信号变化的控制电压 u_c。伺服电动机原理如图 5-8 所示。

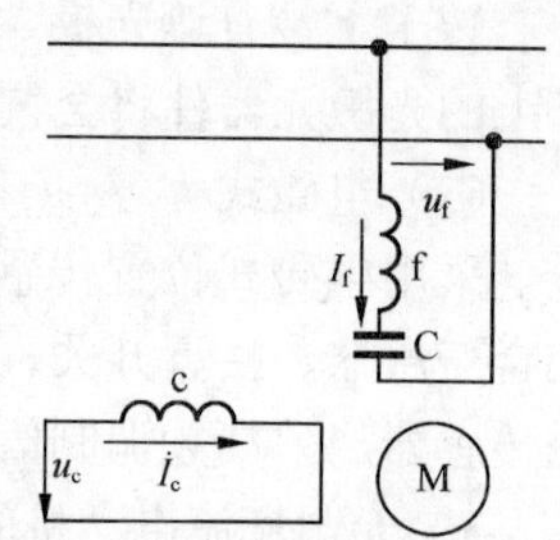

图 5-8 伺服电动机的原理图

（1）交流伺服电机转子的结构形式有笼形转子和空心杯形转子两种。笼形转子的结构与一般笼形异步电动机的转子相同，转子导体使用高电阻率材料制成。空心杯形转子交流伺服电动机的定子分为外定子和内定子两部分。外定子的结构与笼形交流伺服电动机的定子相同。空心杯形转子由导电的非磁性材料做成薄壁圆筒形，放在内、外定子之间。杯子底部固定于转轴上，杯壁薄而轻，厚度一般在 0.2～0.8mm，因而转动惯量小，动作快且灵敏。

交流伺服电动机控制方式有以下 3 种。

① 幅值控制。

这种控制方式是通过调节控制电压 u_C 的大小来改变电动机的转速，而控制电压 u_C 与励磁电压 u_f 之间的相位角始终保持 90° 电角度。当控制电压 $u_C=0$ 时，电动机停转，控制电压越大，电动机转速越高。

② 相位控制。

它是通过调节控制电压的相位（即调节控制电压与励磁电压之间的相位角）来改变电动机的转速，控制电压的幅值保持不变。当相位角为零时，电动机停转；相位角加大，则电磁转矩加大，使电动机转速增加。

③ 幅值—相位控制。

这种控制方式是将励磁绕组串联电容 C 以后，接到稳压电源上，用调节控制电压的幅值来改变电动机的转速，此时励磁电压和控制电压之间的相位角也随着改变，因此称为幅值—相位控制。这种控制方式设备简单、成本较低，是最常用的一种控制方式。

（2）直流伺服电动机的结构与直流电动机基本相同。只是为减小转动惯量，电机做得细长一些。所不同的是电枢电阻大、机械特性软、线性电阻大，可弱磁启动、可直接启动。

直流伺服电动机的接线图如图 5-9 所示：U_1 为励磁电压，U_2 为电枢电压。

直流伺服电动机的特点：电阻大，机械特性软；线性；滑动接触；火花干扰；惯性大；体积大；相对价高，其调节特性如图 5-10 所示。

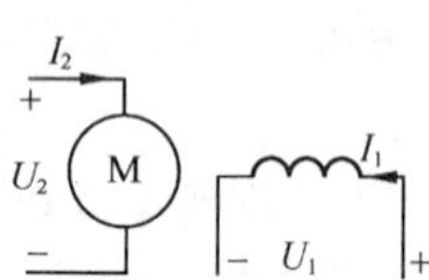

图 5-9 直流伺服电动机的原理图

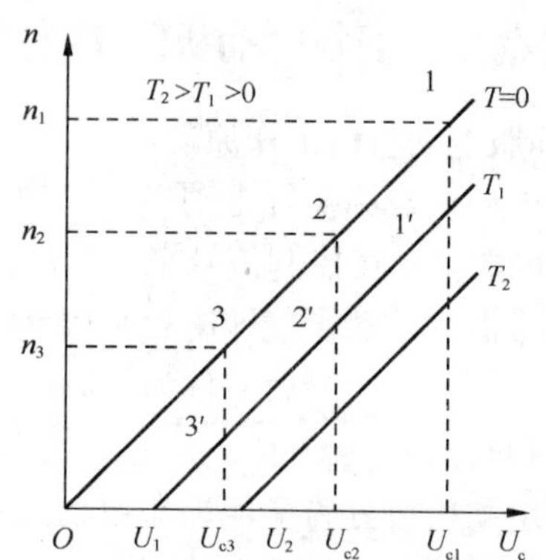

图 5-10 直流伺服电动机的调节特性图

从调节特性曲线上看，调节特性曲线与横轴的交点就表示在某一电磁转矩时电动机的始动电压。若转矩一定时，电动机的控制电压大于相应的始动电压，电动机便能启动并达到某一转速；反之，控制电压小于相应的始动电压，则这时电动机所能产生的最大电磁转矩仍小于所要求的转矩值，故不能启动。所以，在调节特性曲线上原点到始动电压点的这一段横坐标所示的范围，称为某一电磁转矩值时伺服电动机的失灵区。显然，失灵区的大小与电磁转矩的大小成正比。

2．伺服电动机的选择

（1）有些伺服系统如传送装置等要求伺服电动机能尽快停车，而在故障、急停、电源断电时，伺服器没有再生制动，无法对电动机减速；同时，系统的机械惯量又较大，这时需选用动态制动器，并依据负载的轻重、电动机的工作速度等进行选择。

（2）有些系统要维持机械装置的静止位置，需电动机提高较大的输出转矩且停止的时间较长，如果使用伺服的自锁功能往往会造成电动机过热或放大器过载，这种情况就要选择带电磁制动的电动机。

（3）如三菱的伺服器都有内置的再生制动单元，但当再制动较频繁时可能引起直流母线电压过高，这时需另配再生制动电阻。是否需要另配，配多大的再生制动电阻可参照样本使用说明，需要注意的是，样本列表上的制动次数是电动机在空载时的数据，实际选型中要根据系统的负载惯量和样本上的电动机惯量，算出惯量比，再以样本列表上的制动次数与（惯量比+1）相除，这样就可以得到可允许的制动次数。

3．交流伺服电动机的应用

（1）在物料计量方面的应用

粉状物料的计量，常用螺杆计量的方式，通过螺杆旋转的圈数的多少来达到计量的目的。为了提高计量的精度，要求螺杆的转速可调、位置定位准确。如果用交流伺服电机来驱动螺杆，利用交流伺服电机控制精度高、矩频特性好的优点可以达到快速精确计量。同样，对黏稠体物料的计量，可以采用交流伺服电机来驱动齿轮泵，通过齿轮泵的一对齿轮的啮合来进行计量。

（2）在横封装置和定长裁切机构上的应用

在制袋式自动包装机械中，横封装置是一个重要的机构，它不仅要求定位准确，还要求横向封合时横封轮的线速度与薄膜供送的速度相等，而且在横封轮对滚后，横封轮的转速应增大，即以较快的速度相分离。

传统的方法是通过偏心轮或曲柄导杆机构等机械的方式来实现的，这样不仅机构复杂、可靠性低，且调整十分麻烦。如果用交流伺服电机来驱动横封轮，可以利用交流伺服电机优良的运动性能，通过交流伺服电机的非恒速运动来满足横向封口的要求，提高工作质量和效率。

（3）在供送物料方面的应用

包装机械供送物料的工作方式有间歇式和连续式两类。

在间歇式供送物料方式中，如在间歇式制袋包装机上，以前，包装膜的供送多采用曲柄连杆机构间歇拉带的方式，不仅结构复杂，调整也困难。如果用交流伺服电机驱动拉带轮，可以在控制器中事先设定交流伺服电机每次运行的距离、运行的时间和停顿的时间，利用交流伺服电机的优良加速和定位性能，达到准确控制供送薄膜的长度的目的。尤其是在具有色标纠偏装置的控制系统中，通过色标检测开关检测到的偏差信号，经控制器输送到交流伺服电机，交流伺服电机优良的加速性能和控制精度，可以使偏差得到快速准确的纠正。

在连续式供送物料方式中，交流伺服电机的优良加速性能及其过载能力，可以保证连续匀速地供送物料。

4．直流伺服电动机的应用

直流伺服电机分为有刷和无刷电机，有刷电机成本低、结构简单、启动转矩大、调速范围宽、控制容易，需要维护，但维护方便（换碳刷），其缺点是会产生电磁干扰，对环境有要求。因此它可以用于对成本敏感的普通工业和民用场合。无刷电机体积小、重量轻、出力大、响应快、速度高、惯量小、转动平滑、力矩稳定，容易实现智能化，其电子换相方式灵活，可以方波换相或正弦波换相。无刷电机免维护，不存在碳刷损耗的情况，效率很高，运行温度低噪声小，电磁辐射很小，寿命长，可用于各种环境。直流伺服电机可应用在火花机、机器手、精确的机器等，同时可加配减速箱，令机器设备带来可靠的准确性及高扭力。

项目学习评价

一、思考练习题

1．什么是步进电机的步距角？步距角的大小由哪些因素决定？

2．怎样改变三相磁阻式步进电机的转向？

3．简述无刷直流电动机的基本结构和工作原理。

4．交流伺服电动机在运行上与普通异步电动机的根本区别是什么？

二、自我评价、小组互评及教师评价

评价项目	项目评价内容	分值	自我评价	小组评价	教师评价	得分
理论知识	① 掌握各种控制电机的工作原理及结构特点	5				
	② 掌握各种控制电机的选用原则	10				
	③ 掌握各种控制电机的图形符号和文字符号	10				
实操技能	① 能熟练认识各控制电机的外形及符号	10				
	② 能正确拆装各种控制电机	15				
	③ 能正确检测各种控制电机	15				
安全文明生产	① 正确使用万用表、兆欧表	5				
	② 工具的使用及放置	5				
	③ 卫生保持	5				
学习态度	① 出勤情况	5				
	② 实验室纪律	5				
	③ 团队协作精神	10				

三、个人学习总结

成功之处	
不足之处	
改进方法	

项目六　电机的 PLC 控制

项目情境创设

20 世纪初期，人们把各种继电器、定时器、接触器等按一定的逻辑关系连接起来组成控制系统，控制各种生产机械，这就是我们所熟悉的继电器控制系统。它结构简单、价格便宜、能满足一定的控制要求，所以使用面很广，在工业控制领域中占有主导地位。但继电器控制系统是针对一定的生产机械、固定的生产工艺设计的，采用硬接线方式装配而成，只能完成既定的逻辑控制、定时、计数等功能，当生产工艺或生产对象需要改变时，原有的接线和控制柜必须重新设计、重新配线，所以通用性和灵活性较差。

20 世纪 60 年代末，全球的汽车制造业竞争激烈，当时的汽车生产流水线控制系统基本上都是由继电器控制装置构成的。当时汽车的每一次改型都直接导致继电器控制装置的重新设计和安装。可谓费时、费工、费料，严重影响到了汽车的更新周期。1969 年，美国数字设备公司（DEC）研制开发出世界上第一台可编程序控制器，并在通用公司（GM）汽车生产线上首次应用成功。当时人们把它称为可编程序逻辑控制器（Programmable Logical Controller），简称 PLC。此后，这项研究迅速得到发展，从美国、日本、欧洲普及全世界。

项目学习目标

	项目学习目标	学习方式	学时
技能目标	① 认识 PLC ② 掌握 STEP7-Micro/WIN32 软件的使用方法，能根据控制要求输入并运行程序 ③ 熟练掌握 PLC 基本操作指令的应用和 PLC 梯形图的设计方法 ④ 掌握电动机正反转的 PLC 控制 ⑤ 送料小车自动往返送料的 PLC 程序设计 ⑥ 掌握 S7-200 PLC 顺序控制指令及其应用	学生实际动手编程、调试、连接电路，教师进行指导、检查	8 课时
知识目标	① 了解 PLC 的工作原理、等效电路和特点 ② 了解常用 PLC 主要性能指标 ③ 掌握 PLC 的基本指令	教师讲授重点：PLC 的基础知识、基本指令以及 S7-200 PLC 编程软件的使用	4 课时

项目基本功

一、项目基本技能

任务一　PLC 的认知

1．PLC 的产生

20 世纪 60 年代末，全球的汽车制造业竞争激烈，各生产厂家的汽车型号不断更新，当时的汽车生产流水线控制系统基本上都是由继电器控制装置构成的。当时汽车的每一次改型都直接导致继电器控制系统的重新设计和安装，费时、费工、费料，严重影响到了汽车的更新周期。

为了改变这一状况，美国通用汽车公司在 1969 年公开招标，要求采用新的控制装置取代继电器控制装置，并提出了 10 项招标指标，即：

① 编程方便，现场可修改程序；
② 维修方便，采用模块化结构；
③ 可靠性高于继电器控制装置；
④ 体积小于继电器控制装置；
⑤ 数据可直接送入管理计算机；
⑥ 成本可与继电器控制装置竞争；
⑦ 输入可以是交流 115V（美国电压标准）；
⑧ 输出为交流 115V 2A 以上能直接驱动电磁阀接触器等；
⑨ 在扩展时原系统只需要很小变更；
⑩ 用户程序存储器容量至少能扩展到 4KB。

1969 年，美国数字设备公司（DEC）根据上述 10 项要求，研制出第一台 PLC，型号是 PDP-14，在美国通用汽车自动装配线上试用，并获得成功。1971 年，日本从美国引进了这项新技术，很快研制出了日本第一台 PLC。1973 年，西欧国家也研制出它们的第一台 PLC。我国从 1974 年开始研制。

当前，在我国 PLC 已经广泛应用于钢铁、石油、化工、电力、建材、机械制造、汽车、轻工、交通运输、环保以及文化娱乐等各种行业。随着工业控制技术的进步，PLC 已广泛地应用于工业生产过程的自动控制领域。

2．PLC 的定义

PLC 问世以后发展迅速，各方面的性能都在不断地有新的突破，所以到目前为止还未能对其下一个十分确切的定义。国际电工委员会（IEC）于 1987 年颁布的可编程控制器的定义是：“可编程控制器是一种专为工业环境而设计的数字运算操作的电子系统。它采用了可编程序的存储器，用来在其内部存储执行逻辑运算、顺序控制、定时、计数和算术运算等操作的指令，并通过数字式和模拟式的输入和输出，控制各种类型机械的生产过程。可编程序控制器及其有关外围设备，都应按易于与工业系统连成一个整体、易于扩充其功能的原则设计。”随着电子技术的发展，以微处理器构成的微机化 PLC 得到了迅猛的发展，使 PLC 在概念、设计、功能和应用等方面都有了新的发展和突破，许多新产品已超出上述定义，使之取代大多数传统的继电器控制系统成为当今自动化技术的重要支柱。

3．PLC 的分类

可编程控制器种类很多，功能也不尽相同，且没有一个权威的分类标准，分类时按以下情况大致分类。

（1）按结构形式分类

① 整体式结构

整体式结构的特点是将 PLC 的基本部件，如 CPU、输入、输出、电源等部件紧凑地安装在一起，构成一个整体。整体式结构的 PLC 体积小、成本低、安装方便。微型和小型 PLC 一般为整体式结构。

② 模块式结构

模块式结构的 PLC 是由一些模块单元构成的，如 CPU 模块、输入模块、输出模块、电源模块和各种功能模块等，将这些模块插在框架上或基板上即可。各模块功能是独立的，外形尺寸是统一的，插入什么模块可以根据需要灵活配置。中、大型 PLC 多采用这种结构形式。

（2）按 I/O 点数分类

按 PLC 的输入输出点数可将 PLC 分为以下 3 类。

① 小型机

小型 PLC 的功能一般以开关量控制为主，小型 PLC 输入/输出总点数一般在 256 点以下，以开关量为主，具有体积小、价格低等优点，适用于小型设备的控制和开发机电一体化产品。典型的小型机有 SIEMENS 公司的 S7-200 系列、OMRON 公司的 CPM2A 系列和 MITSUBISH 公司的 FX 系列等整体式 PLC 产品。

② 中型机

中型 PLC 的输入/输出总点数在 256～2 048 点，不仅具有开关量和模拟量的控制功能，还具有更强的数字计算能力、通信功能和模拟量处理能力。中型机的指令比小型机更丰富，中型机适用于复杂的逻辑控制系统。典型的中型机有 SIEMENS 公司的 S7300 系列、OMRON 公司的 C200H 系列等模块式 PLC 产品。

③ 大型机

大型 PLC 的输入、输出总点数在 2 048 点以上，大型 PLC 的性能与工业控制计算机相当，它具有计算、控制和调节的功能，还具有强大的网络结构和通信联网能力。大型机适用于大规模过程控制、集散式控制和工厂自动化网络。

4．PLC 的特点

（1）可靠性高

PLC 采用微电子技术，大量的开关动作由无触点的电子存储器件来完成，大部分继电器和繁杂的连线被软件程序所取代，所以平均无故障安全运行时间长，可靠性大大提高。

（2）抗干扰能力强

PLC 在电子线路、机械结构以及软件结构上都有较大改进，主要模块均采用大规模与超大规模集成电路，I/O 系统设计有完善的通道保护与信号调理电路，在结构上对耐热、防潮、抗震等都有周密的考虑，在硬件上采用隔离、屏蔽、滤波、接地等抗干扰措施，在软件上采用数字滤波等抗干扰和故障诊断措施；所有这些使 PLC 具有较强的抗干扰能力。

（3）功能完善

PLC 不但具有对开关量和模拟量的控制能力，还具有数值运算、PID 调节、数据通信、中断处理的功能。除了具有扩展灵活的特点外，还具有功能的可组合性，因此，PLC 具有极强的适应性，能够很好地满足各种类型的控制要求。

（4）通用性强

由 PLC 构成的控制系统，只需在 PLC 的接线端子上接上相应的输入/输出信号线即可，不需要类似继电器之类的物理电子器件和大量而又繁杂的硬接线线路。当控制要求改变、需要变更控制系统的功能时，只需用编程器修改程序即可，也就是说，同一个 PLC 装置用于不同的控制对象，只是输入/输出组件和应用软件的不同。

（5）编程方便

PLC 提供了多种面向用户的语言，如梯形图 LAD、语句表 STL 等。梯形图与继电器系统原理图类似，形象直观、容易掌握，电气工程人员稍加培训即可在短时间内掌握。

5．根据所学知识填写表 6-1

表 6-1　　PLC 的 5 大特点

PLC 的 5 大特点		
	特点名称	简单叙述
特点一		
特点二		
特点三		
特点四		
特点五		

任务二　电动机正反转的 PLC 控制

由 PLC 来控制一台电动机的正反转。

要求：按下按钮 SB_1，电动机正向旋转运动；按下按钮 SB_2，电动机反向旋转运动；按下按钮 SB_3，电动机断电停止运行。

（1）PLC 程序

① 输入/输出接口分配

SB_1 为正转启动按钮，SB_2 为反转启动按钮，SB_3 为停止按钮；KM_1 为正转接触器，KM_2 为反转接触器。输入/输出接口的分配见表 6-2。

表 6-2　　输入输出接口的分配

输入部分		输出部分	
输入元件	PLC 编程元件	输出元件	PLC 编程元件
SB_1	I0.1	KM_1	Q0.1
SB_2	I0.2	KM_2	Q0.2
SB_3	I0.3		

② PLC 外部硬件连接示意图

PLC 外部硬件连接示意图如图 6-1 所示。

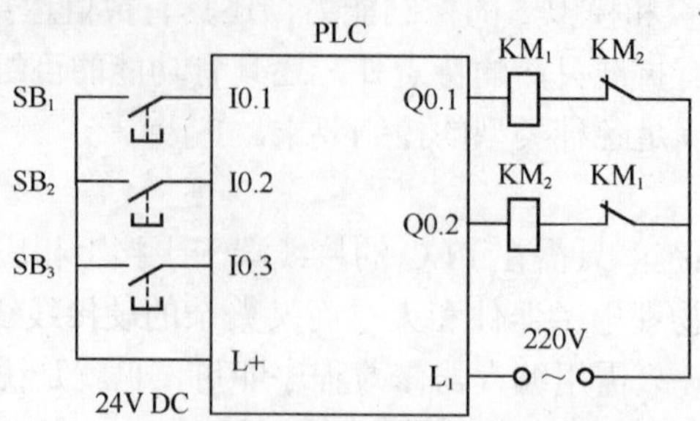

图 6-1　PLC 外部硬件连接示意图

③ 编制 PLC 梯形图和语句表程序

PLC 梯形图和语句表程序如图 6-2 所示。

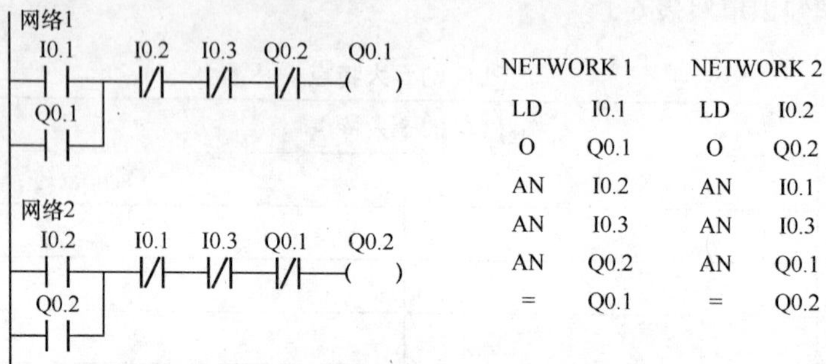

图 6-2　电动机正反转的 PLC 控制程序

（2）使用 S7-200 PLC 编程软件输入程序

S7-200 PLC 编程软件的使用见本项目知识点三，在这里就不再赘述。

（3）安装接线并调试运行

① 连接计算机与 PLC 主机单元之间的通信电缆。

② 按电动机正反转电路的 PLC 接线端子接线，如图 6-3 所示。

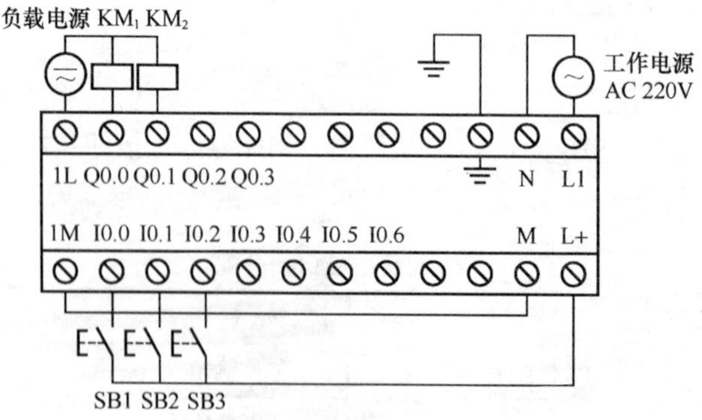

图 6-3　电动机正反转控制的 PLC 端子连接图

③ 接通 PLC 电源。

④ 打开 PLC 的电源开关，将其“RUN/STOP”开关置于“STOP”状态。

⑤ 用 STEP7-Micro/WIN32 软件编程。

⑥ 下载程序至 PLC。

⑦ 将 PLC 置于“RUN”状态，在“状态监控”状态下开始运行程序。

⑧ 按照电路的控制要求拨动面板上的开关，观察实验现象，判断是否能完全实现程序功能。若不能，则检查程序并修改，直至正确为止。

任务三 送料小车自动往返送料的 PLC 程序设计

1．试用 PLC 程序控制送料小车自动往返循环

要求：送料小车到达终点后装料，经过 4s 后返回；返回原位后卸料，经过 2s 后又开始下一循环。小车自动往返循环的示意图如图 6-4 所示。

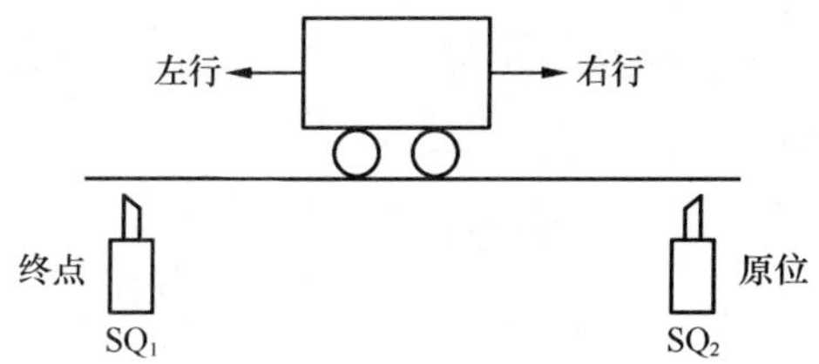

图 6-4 送料小车自动往返循环示意图

系统分析：小车由从原位启动开始左行，到达终点时，碰到行程开关 SQ_1，小车停止，电磁阀 YV_1 通电，开始装料；经过 4s 后，小车开始右行，到达原位后，碰到行程开关 SQ_2，小车停止，电磁阀 YV_2 通电，开始卸料；经过 2s 后又开始左行，进行下一个循环。

（1）PLC 程序

① 输入/输出接口的分配

动手完成输入/输出接口的分配见表 6-3。其中，SB_1 为左行按钮，SB_2 为右行按钮，SB_3 为停止按钮；KM_1 为左行接触器，KM_2 为右行接触器。

表 6-3 输入/输出接口的分配

输入部分		输出部分	
输入元件	PLC 编程元件	输出元件	PLC 编程元件
SB_1		KM_1	
SB_2		KM_2	
SB_3		YV_1	
SQ_1		YV_2	
SQ_2			

② PLC 外部硬件连接示意图

PLC 外部硬件连接示意图如图 6-5 所示。

③ 编制 PLC 梯形图程序

PLC 梯形图如图 6-6 所示。

（2）使用 S7-200 PLC 编程软件输入程序

S7-200 PLC 编程软件的使用见本项目知识点三，在这里就不再赘述。

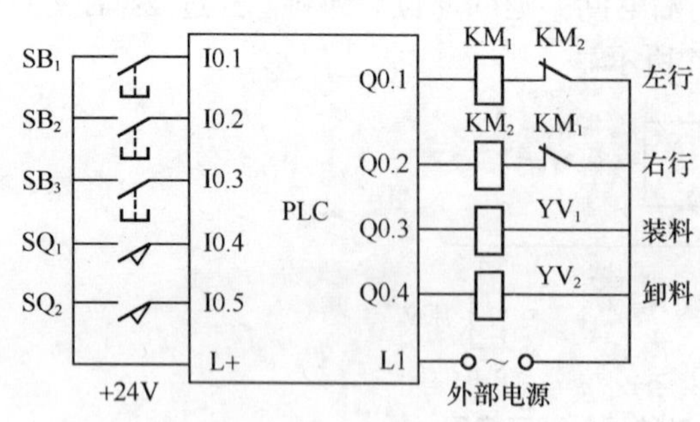

图 6-5　PLC 外部硬件连接示意图

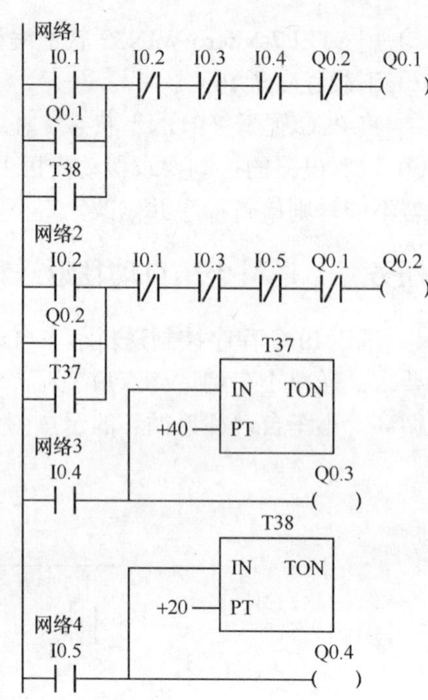

图 6-6　PLC 梯形图

（3）按照 PLC 外部连接示意图动手安装接线并调试运行

① 连接计算机与 PLC 主机单元之间的通信电缆。

② 按电动机自动往返送料电路的 PLC 接线端子连接图接线。

③ 接通 PLC 电源。

④ 打开 PLC 的电源开关，将其“RUN/STOP”开关置于“STOP”状态。

⑤ 用 STEP7-Micro/WIN32 软件编程。

⑥ 下载程序至 PLC。

⑦ 将 PLC 置于 RUN 状态，在“状态监控”状态下开始运行程序。

⑧ 按照电路的控制要求拨动面板上的开关，观察实验现象，判断是否能完全实现程序功能。若不能，则检查程序并修改，直至正确为止。

任务四　S7-200 PLC 顺序控制指令及其应用

前面我们学习了一些基本的指令，能够设计出一些简单的控制程序，但如果要求我们完成较复杂的顺序控制功能，如顺序执行、顺序循环、条件分支等，要完成这些功能，如果纯粹用那些指令就显得有些吃力了，所以，我们有必要进一步学习应对顺序控制类型问题的程序设计方法。

1．顺序功能图的基本概念

顺序功能图又称为功能图，是一种描述顺序控制系统（顺序执行、条件分支、跳转和循环等）的图形表示方法，又称为功能流程图或状态转移图，是专用于工业顺序控制程序设计的一种功能性说明语言。它能完整地描述控制系统的工作过程、功能和特性，是分析、设计电气控制系统控制程序的不可或缺的工具。

功能图主要由“状态”、“转移”等元素组成。一个由 3 个状态组成的功能流程图如

图 6-7 所示：首先，系统等待启动信号，启动信号发出后进入状态 1，该步状态置 1，其余为 0，在当前状态中处理此状态要完成的动作。当转移条件（又称为步进条件）1 满足时，转入状态 2，处理状态 2 中要完成的动作，依次顺序执行。

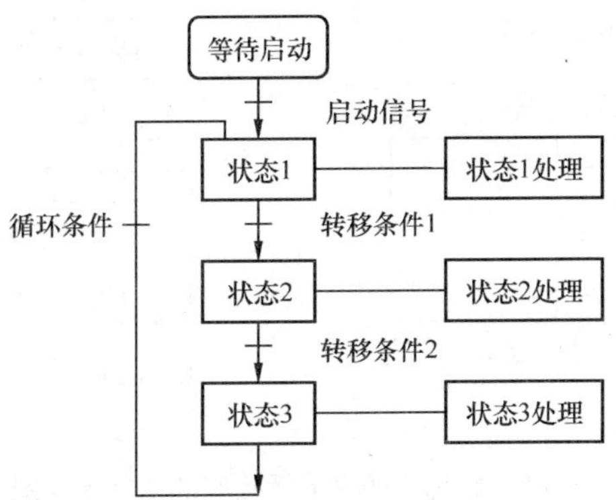

图 6-7　三状态循环功能流程图

2．顺序控制指令

顺序控制指令有 3 条，它们的 LAD 形式、STL 形式和功能见表 6-4。

表 6-4　　顺序控制指令

STL	LAD	功能	操作对象
LSCR　bit	bit SCR	顺序状态开始	s（位）
SCRT　bit	bit —（SCRT）	顺序状态转移	s（位）
SCRE	—（SCRE）	顺序状态结束	无

通常用顺序控制继电器位 S0.0～S31.7 代表功能图中的一个状态，从 LSCR 开始到 SCRE 指令结束，这中间的所有指令组成一个顺序控制继电器（SCR）段。LSCR 指令标记一个 SCR 段的开始，当该段被置位时，允许该 SCR 段工作。SCR 段必须用 SCRE 指令结束。当 SCRT 指令的输入端有效时，一方面置位下一个 SCR 段，使其开始工作；另一方面又同时使该段复位，使该段停止工作。

3．顺序控制指令的应用

【例题】编写红、绿两盏指示灯循环点亮的 PLC 控制程序。

要求：红灯亮 2s 后熄灭，绿灯亮；又过 2s 后，绿灯熄灭，红灯亮，如此循环显示。

系统分析：画出功能流程图如图 6-8 所示。步进条件为时间步进型。状态步 1 的动作为点亮红灯，熄灭绿灯，同时启动定时器。步进条件满足时（2s 时间到）进入状态步 2，点亮绿灯，熄灭红灯，同时关断上一步。

把图 6-8（a）用 PLC 编程元件转化为图 6-8（b）的形式。

编制梯形图程序如图 6-9 所示。

工作原理分析如下。当 I0.0 输入有效时，启动状态 S0.0，执行程序的状态 1：输出位 Q0.0 置 1（点亮红灯），Q0.1 置 0（熄灭绿灯），同时启动定时器 T37，经过 2s，状态转移指令将使 S0.1 置 1，S0.0 置 0，程序转入状态 2。执行程序的第 2 个状态所要完成的任务：输出位 Q0.1

置 1（点亮绿灯）、Q0.0 置 0（熄灭红灯），同时启动定时器 T38，经过 2s，步进转移指令使得 S0.0 置 1，S0.1 置 0，程序返回，又进入程序的第一个状态即状态 1，执行第一个状态所要完成的任务。如此周而复始，循环工作。

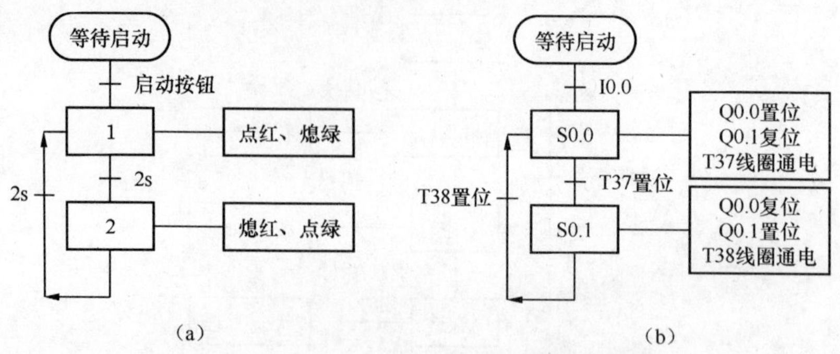

图 6-8　红绿灯顺序显示控制的功能流程图

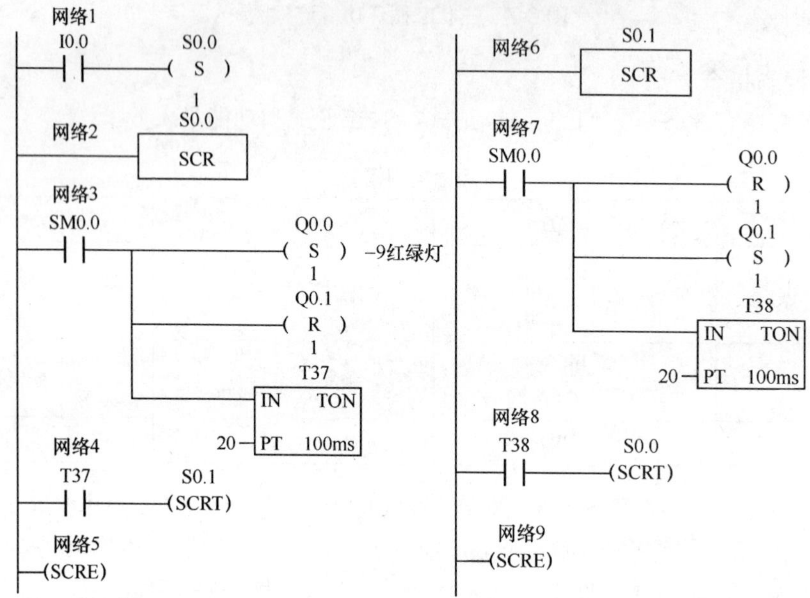

图 6-9　红绿灯顺序显示控制的梯形图程序

二、项目基本知识

知识点一　PLC 的基础知识

1．PLC 的系统组成

PLC 主要应用在工业上，采用了典型的计算机结构，它主要是由 CPU、电源、存储器和专门设计的输入/输出接口电路等组成。PLC 的结构框图如图 6-10 所示。

（1）中央处理单元（CPU）

中央处理单元（CPU）一般由控制器、运算器和寄存器组成，这些电路都集成在一起，CPU 是 PLC 的核心，当 PLC 处于运行方式时，CPU 按循环扫描方式执行用户程序，指挥 PLC 有条不紊地进行工作。

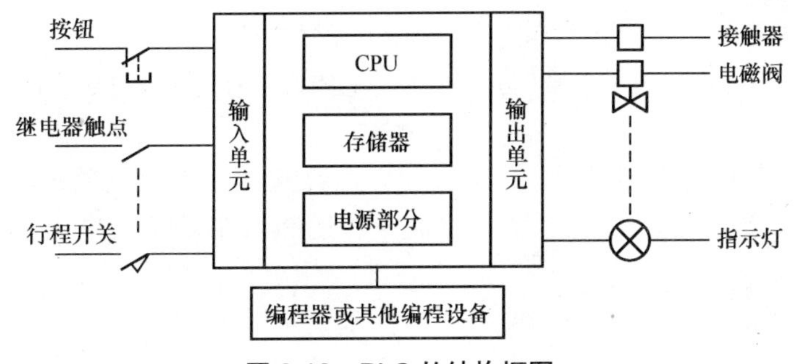

图 6-10 PLC 的结构框图

CPU 执行程序时首先以扫描的方式，接收现场各输入装置的状态和数据，并分别存入 I/O 映像寄存器区，然后从用户程序存储器中逐条读取用户程序指令，执行指令，其结果送入 I/O 映像区或数据寄存器内。等用户程序执行完毕之后，最后将 I/O 映像区的各输出状态或输出寄存器内的数据传送到相应的输出装置，如此循环运行，直到结束。

（2）存储器

PLC 的存储器包括系统存储器和用户存储器两部分。

系统存储器用来存放由 PLC 生产厂家编写的系统程序，并固化在 ROM 内，用户不能直接修改。系统程序质量的好坏，能够在很大程度上影响 PLC 的性能。

用户存储器用来存放用户用 PLC 编程语言编写的应用程序，包括用户程序存储器（程序区）和用户数据存储器（数据区）两部分。用户存储器容量的大小，关系到用户程序容量的大小，是反映 PLC 性能的重要指标之一。

PLC 常用的存储器类型有 RAM、ROM、EPROM、EEPROM 等。

① RAM（Random Assess Memory）是一种读/写存储器，称为随机存储器。可以随时由 CPU 对它进行读出和写入，其存取速度最快。RAM 一般作为数据存储器。

② ROM（Read Only Memory）称为只读存储器，其内容一旦写好不能改变。主要用于存放系统程序，掉电后其内容不变。

③ EPROM（Erasable Programmable Read Only Memory）即可擦除的只读存储器。在断电情况下，这种存储器内的所有内容保持不变。所以这种存储器，可以用于保存系统程序和已通过调试的用户程序。在它的封装上面有一个小的玻璃窗口，其作用是在紫外线连续照射下可擦除存储器内容，正常情况下这个窗口应被封住。

④ EEPROM（Electrical Erasable Programmable Read Only Memory）即电可擦除的只读存储器。使用编程器就能很容易地对其所存储的内容进行修改。它常用于存放用户程序。

（3）输入/输出接口

输入接口：它用于接收来自现场设备的各种控制信号，常与按钮开关、行程开关、传感器输出等连接（开关量），或者与电位器、热电偶等的输出连接（模拟量）。通过输入接口电路，输入接口将这些信号转换成 CPU 能够识别和处理的信号，并存入输入映像寄存器。

现场输入接口电路一般由滤波电路及耦合隔离电路组成，目的是为了实现提高 PLC 的抗干扰能力和实现电平转换。

输入信号形式通常有 3 种：开关信号输入、直流输入、交流输入。开关信号输入和直流输入（小型 PLC）由内部的直流电源供电，交流输入必须外加电源。

输出接口：它用于把 PLC 处理后内部标准输出信号转换成执行机构所需的控制信号。用户程序由CPU执行后，处理结果存放到输出映像寄存器中，输出接口电路将其由弱电控制信号转换成现场需要的强电信号，以驱动接触器、电磁阀、指示灯、报警喇叭等。

（4）电源部分

PLC一般使用220V的交流电源或者是24V直流电源，电源部件将交流电转换成供PLC的中央处理器、存储器等电路工作所需的直流电，使PLC能正常工作。

（5）扩展接口

扩展接口用于将扩展单元以及功能模块与基本单元相连，使PLC的配置更加灵活以满足不同控制系统的需要。

（6）通信接口

为了实现“人—机”或“机—机”之间的对话，PLC配有多种通信接口。PLC通过这些通信接口可以与监视器、打印机、其他的PLC或计算机相连。

西门子S7-200系列PLC包括一个单独的CPU，或者带有各种可选扩展模块。CPU模块包括一个中央处理单元（CPU）、电源以及数字量I/O点，这些都被集中在一个紧凑、独立的设备中，构成主机，如图6-11所示。

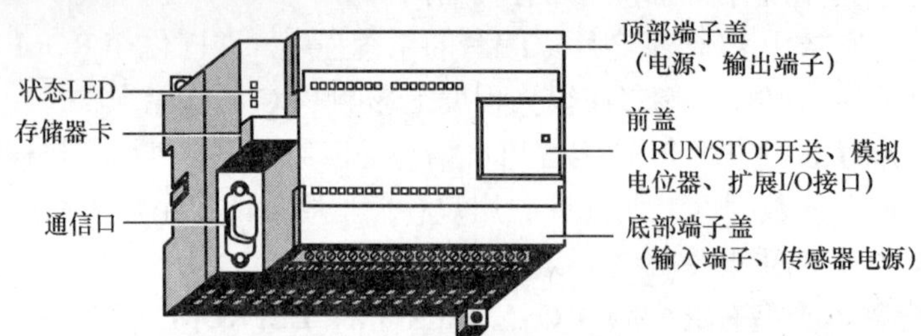

图6-11　S7-200系列PLC主机外观示意图

2．PLC的工作原理及其软元件

（1）PLC的工作原理及等效电路

PLC可以看成是由继电器、定时器、计数器等组合而成的电气控制系统。用户使用的PLC内部的任何一个输入/输出、内部存储单元、定时器、计数器等实际上是由电子电路和寄存器以及存储器单元等组成，它们都具有继电器特性，但无机械性的触点。为了把这些元器件与传统的继电器接触器控制系统中的电气元件区分开，我们把PLC中的这些元件称之为软元件。当输入到存储单元的逻辑状态为1时，则表示相应继电器的线圈通电，其常开触点闭合，常闭触点断开；而当输入到存储单元的逻辑状态为0时，则表示相应继电器的线圈断电，其常开触点断开，常闭触点闭合。所有这些软元件体积小、功耗低、无触点、速度快、寿命长，并且具有无限多的常开、常闭触点供用户无限次使用。

以下以直接启动的控制电路为例，用PLC来实现控制。其PLC外部接线及内部等效电路如图6-12所示。由图可知，可将PLC分成3部分：输入部分、内部控制电路和输出部分。

输入部分：由输入接线端与等效输入继电器组成。输入继电器由接入输入端点的外部信号来驱动，其作用是收集被控制设备的各种信息或操作命令。

内部控制电路：由大规模集成电路构成的微处理器和存储器组成，经过PLC制造厂家的开发，为用户提供部件。内部控制电路的部件包括输出继电器、定时器、计数器、移位寄存器等，这些部件也有许多对常开触点和常闭触点供PLC内部使用。PLC内部控制电路的作用是处理由输入部分所取得的信息，并根据用户程序的要求，使输出达到预定的控制要求。

输出部分：作用是驱动被控制的设备按程序的要求动作。对应每一条输出电路，相当有一个输出继电器，此输出继电器有一个对外常开触点与输出端相连，其余均为供 PLC 内部使用的常开触点和常闭触点。当输出继电器接通时，对外常开触点闭合，外部执行元件可以通电动作。

图 6-12 中所示的梯形图实际上就是用户所编写的应用程序，等效于 PLC 内部的接线图。当用编程装置将梯形图程序送入 PLC 内时，PLC 就可以按照程序进行工作了。

电路的工作过程是：当启动按钮 SB_1 闭合，输入继电器 I0.0 接通，其常开触点 I0.0 闭合，输出继电器 Q0.0 接通，Q0.0 的常开触点闭合自锁，同时外部常开触点 Q0.0 闭合，使接触器线圈 KM 通电，电动机连续运行。停机时按停机按钮 SB_2，输入继电器 I0.1 接通，其常闭触点断开，线圈 Q0.0 断开，电动机停止运行。要注意的是，因与停机按钮相连的输入继电器 I0.1 采用的是常闭触点，所以停机按钮必须采用常开触点，这与继电接触器控制电路不同。

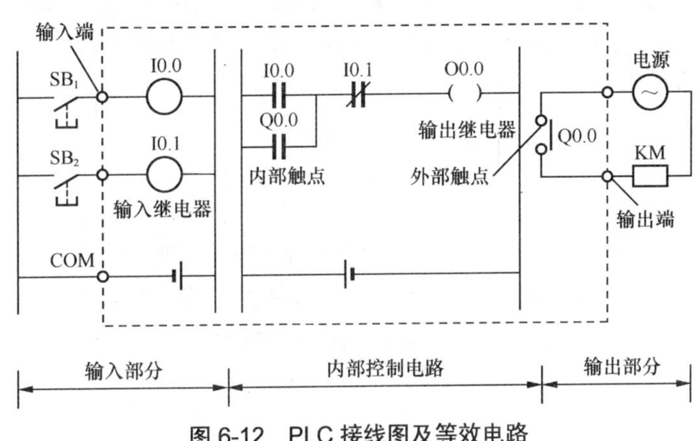

图 6-12 PLC 接线图及等效电路

（2）PLC 的软元件

S7-200 PLC 中有很多类型的软元件，每一种类型的软元件数量是有限的。

① 输入继电器（I）

输入继电器位于 PLC 存储器的输入映像寄存器区，其外部有一个物理输入端子与之对应，其作用是：在每次扫描周期的开始，CPU 对输入点进行采样，并将采样值存于输入映像寄存器中。采样值（即相当于输入继电器的常闭和常开触点）供用户编程使用，其线圈的得电与失电由外部的按钮、位置开关、传感器等的输入信号控制，其触点通断状态供程序执行使用。

S7-200 提供的输入映像寄存器地址范围是：I0.0～I15.7，共 128 个。128 个地址指的是 PLC 输入端扩展后不能超过的地址数。

② 输出继电器（Q）

输出继电器位于 PLC 存储器的输出映像寄存器区，其外部有一个物理输出端子与之对应，其作用是：在扫描周期的结尾，CPU 将输出映像寄存器的数值复制到物理输出点上，也就是把程序执行的结果传递给负载。

输出继电器线圈只能使用程序指令驱动，其常开触点和常闭触点可供用户编程使用，但每一个输出继电器只有唯一的物理常开触点用来接通负载。

S7-200 提供的输出映像寄存器地址范围是：Q0.0～Q15.7，共 128 个。128 个地址指的是 PLC 输出端扩展后不能超过的地址数。

③ 位存储器（M）

位存储器又称为辅助继电器。其作用是用于逻辑运算的状态暂存、移位运算或设置控制信息，与继电器接触器控制系统中的中间继电器相同。可以使用内部存储器标志位作为控制继电器存储中间操作状态或其他控制信息。辅助继电器与外部无任何联系，它在PLC中无任何外部的输入/输出端子与之对应，其线圈只能使用程序指令驱动，不能受外部信号的直接控制，其常开、常闭触点供用户编程使用。辅助继电器主要按位来存储信息，也可以按字节、字或双字为单位来存储数据。

S7-200提供的辅助继电器地址范围是：M0.0～M31.7，共256个。

④ 特殊存储器（SM）

特殊存储器又称为特殊继电器。它提供了CPU和用户程序之间传递信息的方法，可用于存储系统的状态变量、有关控制参数和信息等。用户可以使用这些位选择和控制S7-200 CPU的一些特殊功能。例如，只读字节SMB0有8个状态位，在每个扫描周期结尾由CPU自动刷新。用户可以使用这些状态位的信息启动程序内的功能，编制用户程序。

S7-200 提供的特殊存储器分为只读型和只写型两类。其中，只读型的特殊继电器为SM0.0～SM29.7。

⑤ 定时器（T）

定时器是按照一定时间原则累计时间增量的器件。

S7-200提供3种不同类型的定时器，它们分别是：接通延时定时器（TON）、断开延时定时器（TOF）、有记忆接通延时定时器（TONR）。每种类型的定时器都有3种精度，分别是：1ms、10ms、100ms。其常开触点和常闭触点供用户编程使用。

S7-200提供了256个定时器T，编号为范围为T0～T255。

⑥ 计数器（C）

计数器是累计输入脉冲个数的一种器件。

在S7-200 CPU中，计数器用于累计其编程元件状态变化脉冲电平由低到高（即脉冲上升沿）的次数。

S7-200提供了3种不同类型的计数器：增计数器（CTU）、减计数器（CTD）、增减计数器（CTUD）。

与计数器相关的变量有两个：一是当前值，是16位符号整数，存储累计脉冲数；二是计数器位，当计数器的当前值大于或等于预设值时，此位置为“1”。

S7-200提供了256个计数器C，编号范围为C0～C255。

⑦ 顺序控制继电器（S）存储器

顺序控制继电器存储器它又称为状态继电器。顺序控制继电器位（S）用于组织机器操作或进入等效程序段的步，和步进控制指令配合实现顺序控制和步进控制。顺序控制继电器与外部无任何联系，其线圈只能使用程序指令驱动，其常开触点和常闭触点供用户编程使用。

S7-200提供了256个顺序控制继电器S，地址范围为：S0.0～S31.7。

⑧ 其他

S7-200除了以上介绍的数据存储区域（编程元件）外，还提供了以下一些存储区域：变量存储器V、局部存储器L、模拟量输入/输出映像寄存器（AI/AQ）、累加器（AC）；高速计数器（HC）。本书就不再一一介绍了。

3．S7-200 PLC 的编程语言

（1）梯形图（Ladder Diagram）

梯形图与电气控制线路图在形式上相似，它继承了继电器接触器控制系统中的基本思想和电气逻辑关系的表示方法，沿用了传统继电器控制中的触点、线圈、串联、并联等术语和图形符号，比较形象、直观、实用，应用最为广泛。

梯形图由触点、线圈等组成，如图 6-13 所示。触点代表逻辑输入条件，例如，开关、按钮和内部条件等。线圈通常代表逻辑输出结果，用来控制外部的指示灯、交流接触器和内部的输出标志位等。

为了方便，常常借助继电器电路图的分析方法来分析梯形图。方法是：假设左右两侧垂直母线之间有一个左正右负的直流电压（右边的垂直母线常常省略掉），如图 6-13 中所示的 I0.0 与 I0.1 的触点接通，有一个假想的“能流”（Power Flow）流过线圈 Q0.0。利用能流的概念，可以更好地帮助我们理解和分析梯形图，能流只能从左向右流动。

（2）指令语句表（Instruction List）

指令语句表简称语句表，也是一种常用的 PLC 编程语言。它使用一些逻辑和功能指令的缩写语来表示，采用助记符形式，并以程序执行顺序逐句编写。把图 6-13 的梯形图用指令语句表表示即为图 6-14 所示。

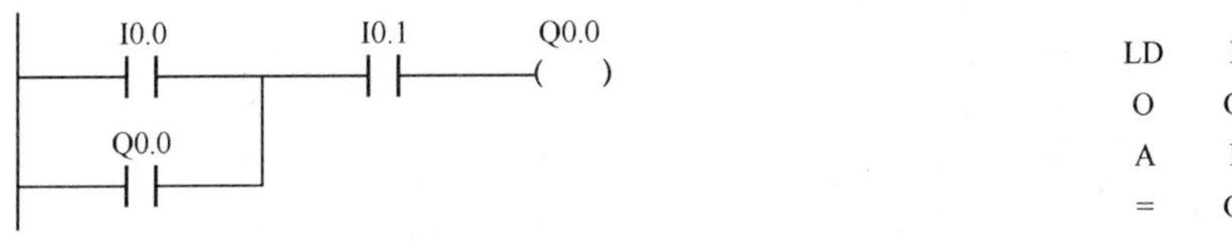

图 6-13　PLC 的梯形图　　　图 6-14　PLC 的指令语句表

（3）顺序功能图（Sequential Function Chart）

顺序功能图又称为功能图，简称 SFC 编程语言。它将一个完整的控制过程分成若干个状态，各状态具有不同动作，状态之间又有一定的转换条件，条件满足则状态转换，上一个状态结束则下一个状态开始。它可以用来有条不紊地表达一个完整的顺序控制过程。

（4）功能块图（Function Block Diagram）

功能块图的使用类似于电路中的各种逻辑门电路和逻辑框图，加上输入、输出，通过一定的逻辑连接方式来编写程序。有数字电路基础的人很容易掌握。它包括“与”（A）、“或”（O）、“非”（N）等逻辑功能及定时、计数、触发等控制功能。

知识点二　PLC 的基本指令

本知识点以 S7-200 系列 PLC 的指令系统为对象，主要用梯形图（LAD）讲述 PLC 中简单实用的基本指令，帮助大家更好地掌握和应用 PLC 程序。

1．逻辑取及线圈驱动指令

逻辑取及线圈驱动指令：LD、LDN 和=。

LD（Load）：取指令，是常开触点逻辑运算的开始，用于常开触点与母线的连接。

LDN（Load Not）：取反指令，是常闭触点逻辑运算的开始，用于常闭触点与母线的连接。

=（Out）：线圈驱动指令。

上述 3 条指令的用法如图 6-15 所示。

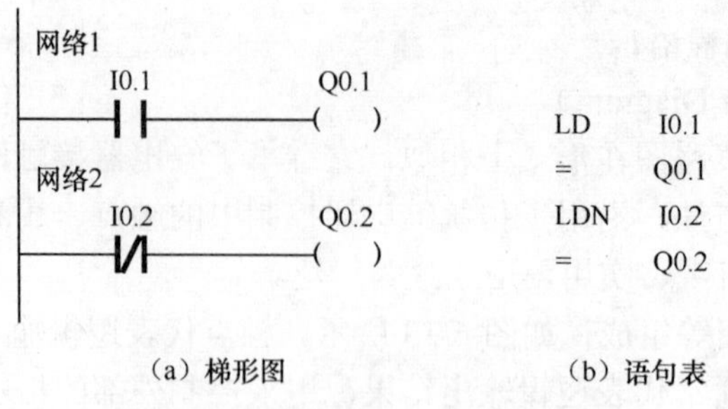

（a）梯形图　　（b）语句表

图 6-15　LN、LDN、=指令的应用

2．触点的串、并联指令

触点串联指令为 A、AN。

A（And）：与指令，用于单个常开触点的串联连接。

AN（And Not）：与反指令，用于单个常闭触点的串联连接。

O（OR）：或指令，用于单个常开触点的并联连接。

ON（Or Not）：或反指令，用于单个常闭触点的并联连接。

A、AN、O、ON 指令的用法如图 6-16 所示。

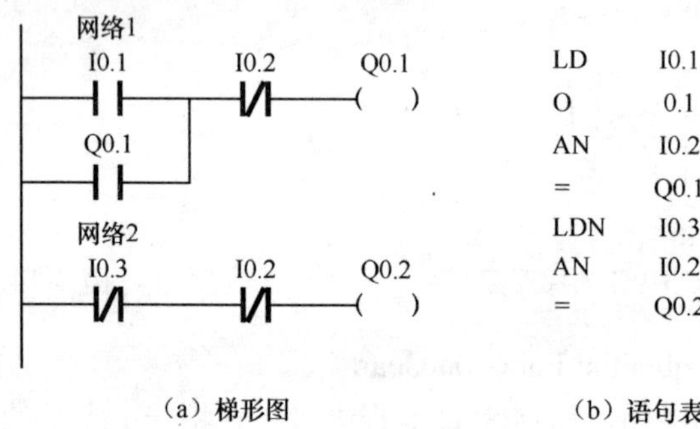

（a）梯形图　　（b）语句表

图 6-16　A、AN、O、ON 指令的应用

3．电路块连接指令

（1）串联电路块的并联连接指令

两个以上触点串联形成的支路叫串联电路块。串联电路块的并联连接指令为 OLD（Or Load）。

OLD（Or Load）：或块指令，用于串联电路块的并联连接。

使用说明：

① 除在网络块逻辑运算的开始使用 LD 或 LDN 指令外，在块电路的开始也要使用 LD 和 LDN 指令；

② 每完成一次块电路的并联时要写上 OLD 指令；

③ OLD 指令无操作数。

（2）并联电路块的串联连接指令

两条以上支路并联形成的电路叫并联电路块。并联电路块的串联连接指令为 ALD（And Load）。

ALD（And Load）：与块指令，用于并联电路块的串联连接。

使用说明：

① 在块电路开始时要使用 LD 和 LDN 指令；

② 在每完成一次块电路的串联连接后要写上 ALD 指令；

③ ALD 指令无操作数。

OLD、ALD 指令的用法如图 6-17 所示。

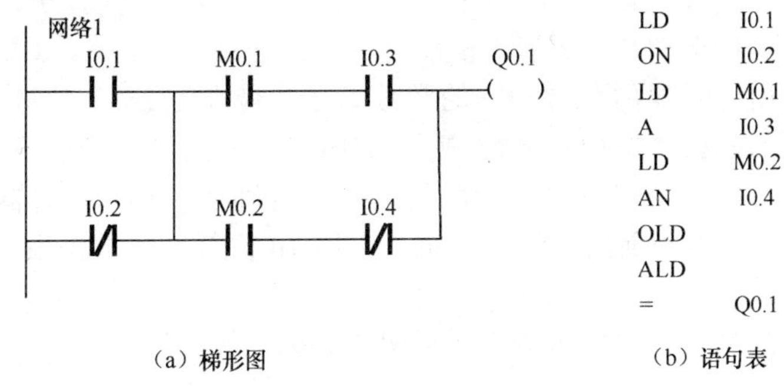

（a）梯形图　　（b）语句表

图 6-17　OLD、ALD 指令的应用

4．置位、复位指令

置位（Set）/复位（Rset）指令的 LAD 和 STL 形式以及功能见表 6-5。

表 6-5　S/R 指令的用法

指令名称	LAD	STL	功　能
置位指令	Bit ——（S） N	S　bit ，N	从 bit 开始的 *N* 个元件置 1，并保持
复位指令	bit ——（R） N	R　bit ，N	从 bit 开始的 *N* 个元件置 0，并保持

对位元件来说，一旦被置位，就保持在通电状态，除非对它复位；而一旦被复位，就保持在断电状态，除非再对它置位。其用法如图 6-18 所示。

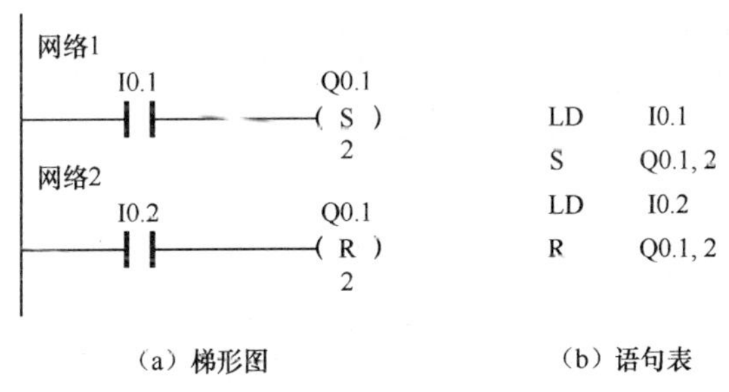

（a）梯形图　　（b）语句表

图 6-18　S/R 指令的用法

5．定时器

PLC 中的定时器跟我们平时所接触的定时器功能类似，定时器编程时要预置定时值。在运行过程中，当定时器的输入条件满足时，当前值从 0 开始按一定的单位增加。当定时器的当前值到达设定值时，定时器发生动作，从而满足各种定时逻辑控制的需要。

（1）定时器的几个基本概念

S7-200 PLC 为用户提供了 3 种类型的定时器：接通延时定时器（TON）、记忆接通延时定时器（TONR）和断开延时定时器（TOF）。

单位时间的时间增量称为定时器的分辨率，即精度。S7-200 PLC 中的定时器有 3 个精度等级：1 ms、10 ms 和 100 ms。

定时器定时时间 T 的计算：$T = PT \times S$。式中，T 为实际定时时间，PT 为设定值，S 为分辨率。定时器的设定值 PT 的数据类型为整数型。

定时器的编号用定时器的名称和它的常数编号（最大为 255）来表示，即 T**。如：T38。定时器的编号包含两方面的变量信息：定时器位和定时器当前值。（定时器位：与其他继电器的输出相似，当定时器的当前值达到设定值 PT 时，定时器的触点动作；定时器当前值：存储定时器当前所累计的时间，它用 16 位符号整数来表示，最大计数值为 32 767。）

各种类型的定时器所对应的分辨率和编号见表 6-6。

表 6-6　各种类型定时器所对应的分辨率和编号

定时器类型	分辨率（ms）	最大当前值（s）	定时器编号
TONR	1	32.767	T0，T64
	10	327.67	T1～T4，T65～T68
	100	3276.7	T5～T31，T69～T95
TON，TOF	1	32.767	T32，T96
	10	327.67	T33～T36，T97～T100
	100	3276.7	T37～T63，T101～T255

（2）定时器的使用

定时器的梯型图、语句表格式见表 6-7。

表 6-7　定时器的梯型图、语句表格式

	名　称		
	接通延时定时器	记忆型接通延时定时器	断开延时定时器
LAD	Tn IN TON PT	Tn IN TONR PT	Tn IN TOF PT
STL	TON　Tn，PT	TONR　Tn，PT	TOF　Tn，PT

① 接通延时型定时器 TON

接通延时型定时器用于单一时间间隔的定时。输入端接通时，定时器位为 OFF，当前值从 0 开始计时，当前值达到编程人员所设定的值时，定时器位为 ON，定时器延时触点动作一次，但当前值仍连续计数到 32 767。输入端断开，定时器自动复位，即定时器位为 OFF，当前值为 0，定时器恢复常态。

② 记忆型接通延时定时器 TONR

顾名思义，记忆型接通延时定时器具有记忆功能，它用于对有时间间隔的累计定时。当输入端接通时，当前值从上次的保持值继续计时，当累计当前值达到设定值时，定时器位 ON，定时器延时触点动作一次，当前值可继续计数到 32 767。需要注意的是，TONR 定时器只能用复位指令 R 对其进行复位操作。

③ 断开延时型定时器 TOF

断开延时定时器用于断电后的单一间隔时间计时。输入端接通时，定时器位为 ON，当前值为 0。当输入端由接通到断开时，定时器开始计时，当达到设定值时定时器位为 OFF，当前值等于设定值，停止计时。输入端再次由 OFF→ON 时，TOF 复位，TOF 的位为 ON，当前值为 0；如果输入端再从 ON→OFF，则 TOF 可实现再次启动。

定时器的使用如图 6-19 所示。

闭合 I0.1，接通延时定时器 T37 开始计时，经过 8s 后，T37 达到计时值，T37 的延时触点动作一次，即串联在 Q0.1 回路中的 T37 的常开触点闭合，Q0.1 得电动作，达到了通电延时的控制目的。

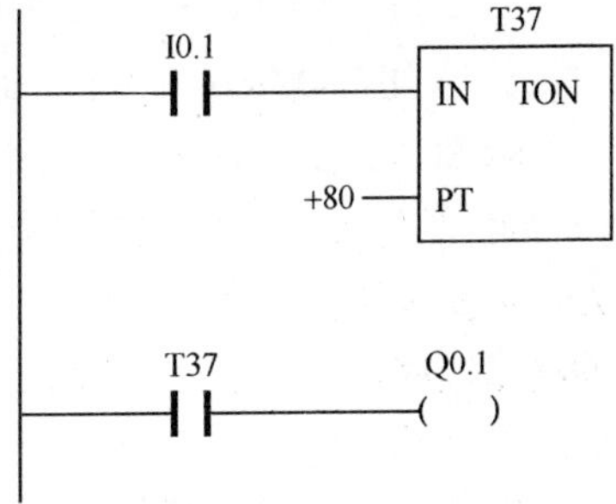

图 6-19　定时器的使用

6．计数器

计数器用来累计输入脉冲的个数，在实际应用中用来对产品进行计数或完成复杂的逻辑控制等任务。计数器的使用和定时器基本相似，编程时输入它的计数设定值，计数器累计它的脉冲输入端信号上升沿的个数。当计数值达到设定值时，计数器发生动作，以完成计数控制任务。

计数器的梯型图、语句表格式见表 6-8。

表 6-8　计数器的梯型图、语句表格式

	名称		
	增计数器	增减计数器	减计数器
LAD	Cn CU CTU R PV	Cn CU CTUD CD R PV	Cn CD CTD LD PV
STL	CTU　Cn，PV	CTUD　Cn，PV	CTD　Cn，PV

① 增计数器 CTU

在计数脉冲输入端 CU 的每个上升沿，计数器计数 1 次，当前值增加 1 个单位。当前值达到设定值时，计数器位 ON，计数器动作 1 次，当前值可继续计数到 32 767 后停止计数。复位输入端有效或对计数器执行复位指令，计数器自动复位，即计数器位 OFF，当前值为 0。

② 增减计数器 CTUD

增减计数器有两个计数脉冲输入端：CU 输入端用于递增计数，CD 输入端用于递减计数。CU 输入的每个上升沿，都使计数器当前值增加 1 个单位；CD 输入的每个上升沿，都使计数器当前值减小 1 个单位，当前值达到设定值时，计数器位置位为 ON，计数器动作 1 次。

③ 减计数器 CTD

CD 输入端的每个上升沿计数器计数 1 次，当前值减少 1 个单位，当前值减小到 0 时，计数器位置位为 ON，复位输入端有效或对计数器执行复位指令，计数器自动复位，即计数器位 OFF，当前值复位为设定值。

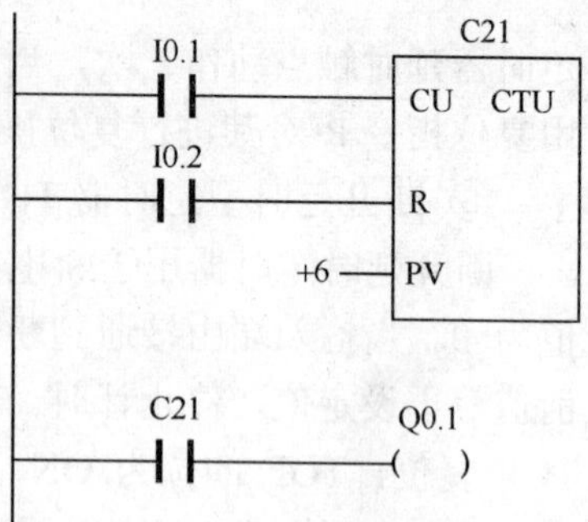

图 6-20 计数器的使用

计数器的使用如图 6-20 所示：I0.1 导通 6 次后，达到计数器 C21 的计数值，计数器 C21 动作 1 次，即串联在 Q0.1 回路中的 C21 的常开触点闭合，Q0.1 得电动作，达到了计数的控制目的。

知识点三　S7-200 PLC 编程软件的使用

1．STEP7-Micro/WIN32 编程软件简介

STEP7-Micro/WIN32 编程软件是由西门子公司专门为 S7-200 系列可编程序控制器设计开发的应用软件。它功能强大，主要为用户开发控制程序使用，同时也可以实时监控用户程序的执行状态。该软件加上了汉化程序，可以在全中文的界面下进行操作，使我们使用起来更加方便，是西门子 S7-200 用户不可缺少的开发工具。

2．STEP7-Micro/WIN32 编程软件的安装

（1）系统要求

计算机硬件要求采用 486 或更高配置。

计算机操作系统要求 Windows 95 以上操作系统。

（2）安装步骤

① 将光盘插入光盘驱动器，系统自动进入安装向导；或在安装目录里双击“Setup.exe”，进入安装向导，按照安装向导一路点击“Next”（下一步）按钮完成软件的安装。

② 在安装结束时，选择默认项：“Yes，I want to restart my computer now”（是，我现在要重新启动计算机），单击“Finish”（完成）按钮，完成安装。

（3）编程软件的汉化

一般较低版本的软件程序需要安装汉化补丁，但较高版本的程序自身带有“中文”的语言选项，如 V3.2 以上版本，在安装好英文版的编程软件后，按如下操作即可完成软件的汉化：

打开 STEP7-Micro/WIN32 编程软件，选择“Tools”（工具）选项，选择“Options”（选项），弹出 Options 对话框，如图 6-21 所示选择“General”（常规）标签，在“Language”（语言）框中选择“Chinese”（中文），然后点击“OK”按钮，如图 6-21 所示，该软件会自动关闭，以后再打开使用时即为中文版了。

3．硬件的连接

个人计算机与 PLC 之间的通信是通过 PC/PPI 电缆建立的。典型的单主机连接及 CPU 组态如图 6-22 所示。把 PC/PPI 电缆的 PC 端连接到计算机的 RS-232 通信接口，把 PC/PPI 电缆的 PPI 端连接到 PLC 的 RS-485 通信口。

4．STEP7-Micro/WIN32 编程软件的主要功能

STEP7-Micro/WIN32 编程软件是用来帮助使用者开发 PLC 程序的，具有设置 PLC 的参数、工作方式和运行监控、程序的管理和加密等功能，此外，还可以在离线方式下实现程序的输入、编辑、修改等功能；在联机方式下可实现程序的上载、下载、程序状态的监控等直接针对 PLC 的操作。

离线方式：安装有 STEP7-Micro/WIN32 编程软件的计算机与 PLC 断开连接。

联机方式：安装有 STEP7-Micro/WIN32 编程软件的计算机与 PLC 通过 PC/PPI 电缆连接起来，此时允许两者之间作直接通信。

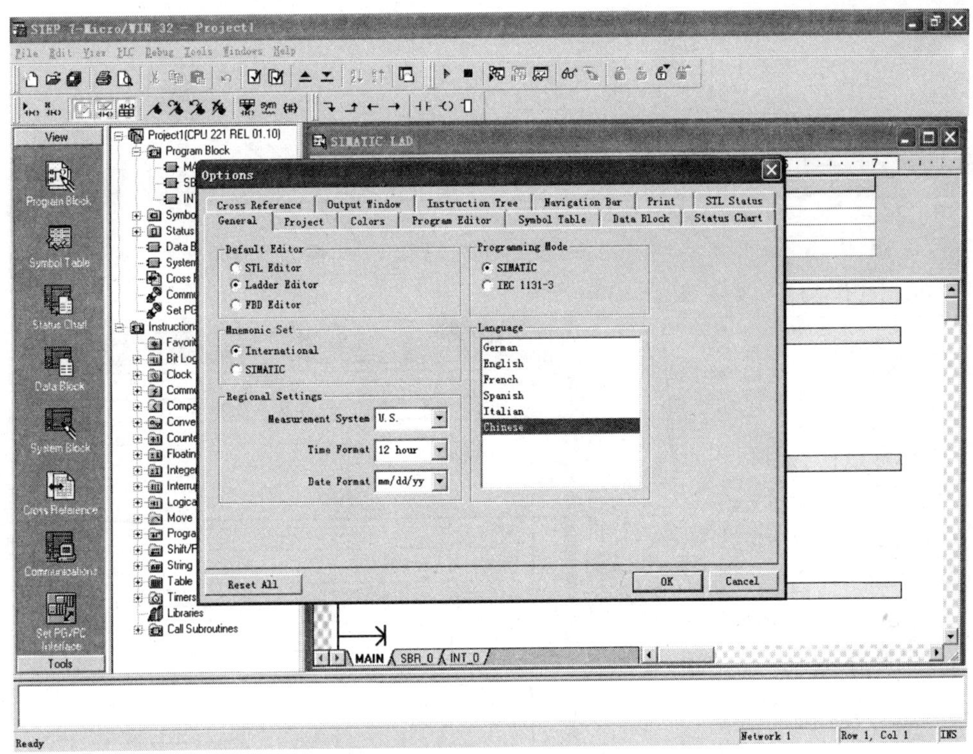

图 6-21　STEP7-Micro/WIN32 编程软件的汉化

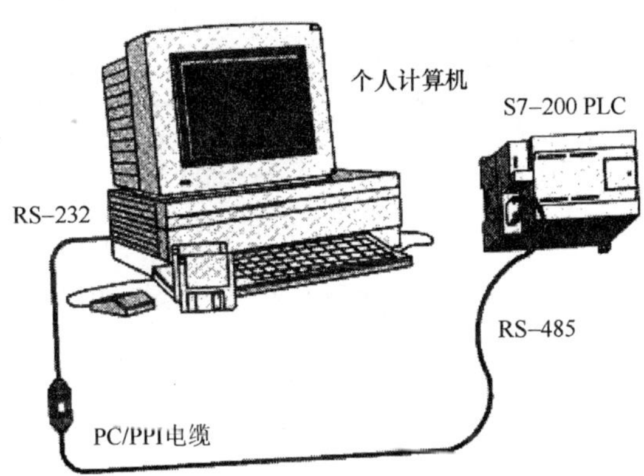

图 6-22　PLC 与电脑主机的连接

5．STEP7-Micro/WIN32 的窗口组件及各部分的功能

打开 STEP7-Micro/WIN 32 编程软件，其主界面如图 6-23 所示。主界面一般包括以下几个部分：菜单条（包含 8 个主菜单项）、工具条（快捷按钮）、引导条（快捷操作窗口）、指令树（快捷操作窗口）、输出窗口等。

（1）菜单条

允许使用鼠标单击或对应的热键的操作，各主菜单项功能如下。

① 文件（File）

此菜单主要是对文件的操作，如程序文件的新建、打开、关闭、保存、上载和下载程序，程序块的导入、导出，还有文件的打印及预览、页面设置等。

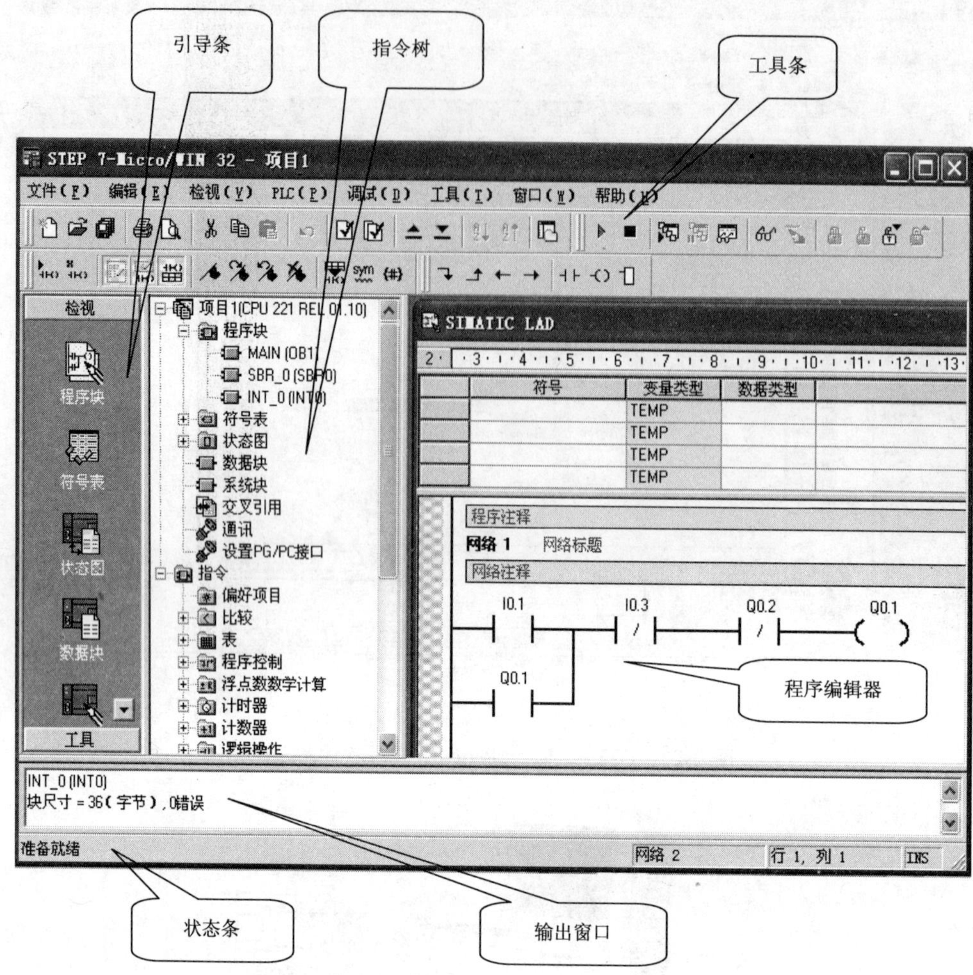

图 6-23　STEP7-Micro/WIN32 的窗口组件

② 检视（View）

检视可以设置软件开发环境的风格：选择不同语言的编程器（包括 LAD、STL、FBD 3 种）；决定其他辅助窗口（如引导窗口、指令树窗口、工具条按钮区）的打开与关闭；并且包含引导条中“检视”的所有操作项目。

③ PLC

此菜单可建立与 PLC 联机时的相关操作，如改变 PLC 的工作方式（运行/停止）、编译、查看 PLC 的信息、清除程序和数据、存储卡的操作、程序比较、PLC 类型选择等。

④ 调试（Debug）

调试菜单主要用于联机调试。

⑤ 工具（Tool）

工具菜单可以调用复杂指令向导，使复杂指令编程时工作大大简化；“选项”子菜单还可以设置程序编辑器、数据块、指令树等的一些属性，也可以对本编程软件的一些常规属性进行设置。

⑥ 窗口（Windows）

可以设置窗口的排放形式，如层叠、横向平铺、纵向平铺等。

⑦ 帮助（Help）

它通过帮助菜单上的目录和索引提供几乎所有的相关的使用帮助信息，帮助菜单还提供网上查阅 S7-200 相关信息的功能。

（2）工具条

工具条与我们所熟悉的其他应用软件一样，提供简便快捷的鼠标操作。它将常用的 STEP7-Micro/WIN 32 操作以按钮的形式设定到工具条。可以用“检视（View）”菜单中的“工具栏”选项来显示或隐藏标准、调试、公用、指令 4 种工具条。

（3）引导条

该引导条可用“检视（View）”菜单中的“框架”选项来选择是否打开。

它为编程提供按钮控制的快速窗口切换功能，包括程序块、符号表、状态表、数据块、系统块、交叉引用、通信、设置 PG/PC 接口。相当于把“检视（View）”菜单中的“组件”列了出来，方便我们使用。

（4）指令树

可用“检视（View）”菜单中“框架”选项来选择是否打开，提供编程时用到的所有快捷操作命令和 PLC 指令。

（5）程序编程器

该编程器可用梯形图、语句表或功能图表编程器编写程序，或在联机状态下从 PLC 上载用户程序进行读程序或修改程序。

（6）输出窗口

该窗口用来显示程序编译的结果信息，如各程序块（主程序、子程序的数量及子程序号、中断程序的数量及中断程序号）及各块的大小、编译结果有无错误、错误编码和位置等。

6．程序的编辑、运行、调试及监视

我们以电动机正反转PLC控制程序来介绍一下怎么使用STEP7-Micro/WIN32编程软件来编写和运行程序。

PLC 梯形图和语句表程序如图 6-24 所示。

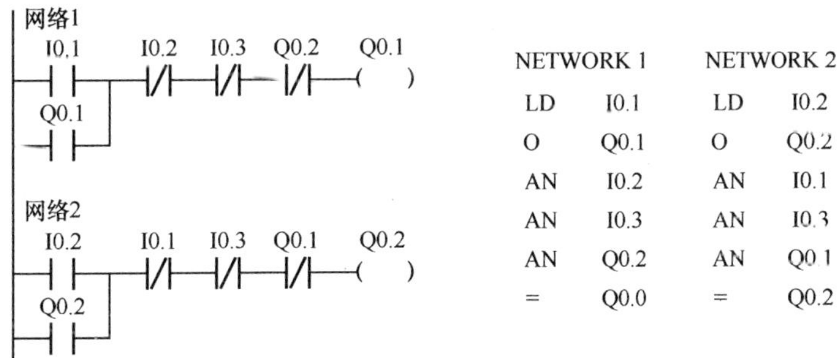

图 6-24　电动机正反转的 PLC 控制程序

下面按照以下的步骤来学习如何利用 STEP7-Micro/WIN32 软件来编写这个程序（以梯形图为例）并运行。

（1）程序的编辑

打开 STEP7-Micro/WIN32 编程软件，在程序编辑器窗口中输入编程元件（即编辑程序），输入方法有以下两种。

方法一：指令树窗口中的“指令”所列的一系列指令按类别分别编排在不同子目录中，找到要输入的指令并双击，如图 6-25 所示。

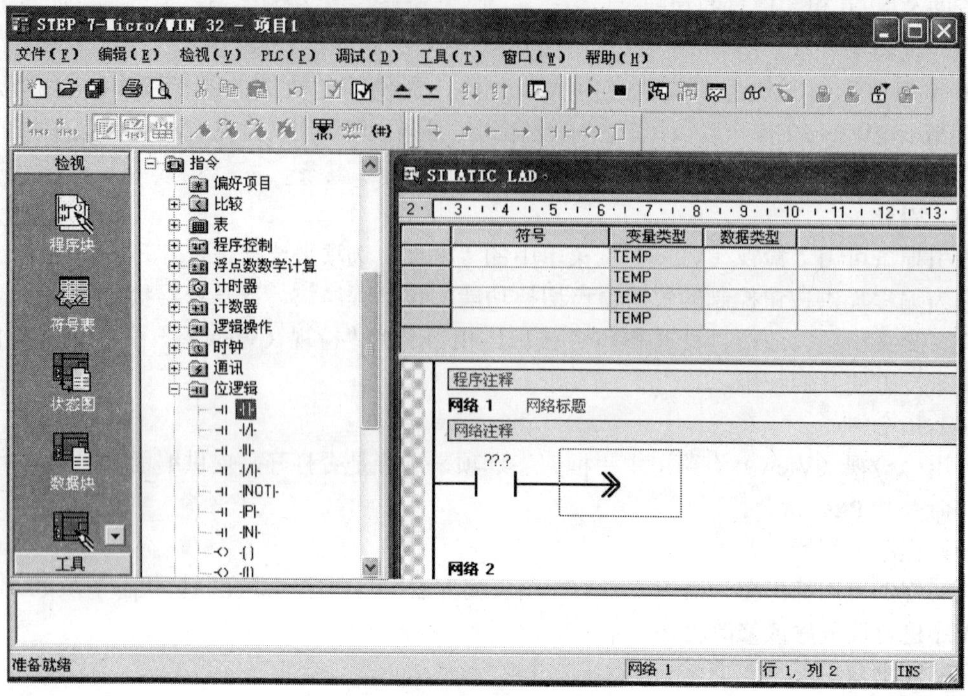

图 6-25　利用指令树编辑程序

方法二：用指令工具条上的一组编程按钮，单击触点、线圈和指令盒按钮，从弹出的窗口下拉菜单所列出的指令中选择要输入的指令单击即可。编程工具按钮和弹出的窗口下拉菜单如图 6-26 和图 6-27 所示。

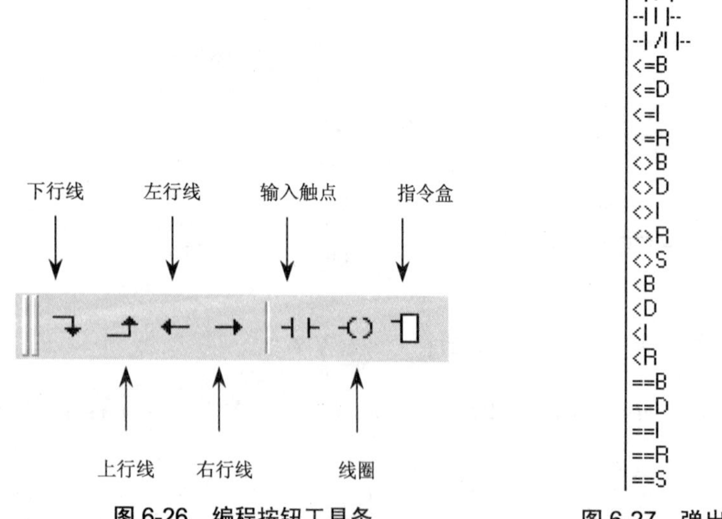

图 6-26　编程按钮工具条

图 6-27　弹出的窗口下拉菜单

在指令工具条上，编程元件的输入有 7 个按钮。下行线、上行线、左行线和右行线按钮，用于输入连接线，由此可构成复杂的梯形图结构。输入触点、输入线圈和输入指令盒按钮用于输入编程元件。

编程元件包括线圈、触点、指令盒及导线等。程序一般是顺序输入，即自上而下，自左而右地在光标所在处放置编程元件（输入指令），也可以移动光标在任意位置输入编程元件。每输入一个编程元件，光标自动向前移到下一列，换行时点击下一行位置移动光标。

按照上面介绍的方法，逐个输入电动机正反转 PLC 控制程序网络一中的程序并在"？？.？"处输入操作数（即编程元件的名称）。然后用同样的方法输入网络二的程序，完成程序的编辑。如图 6-28 所示。

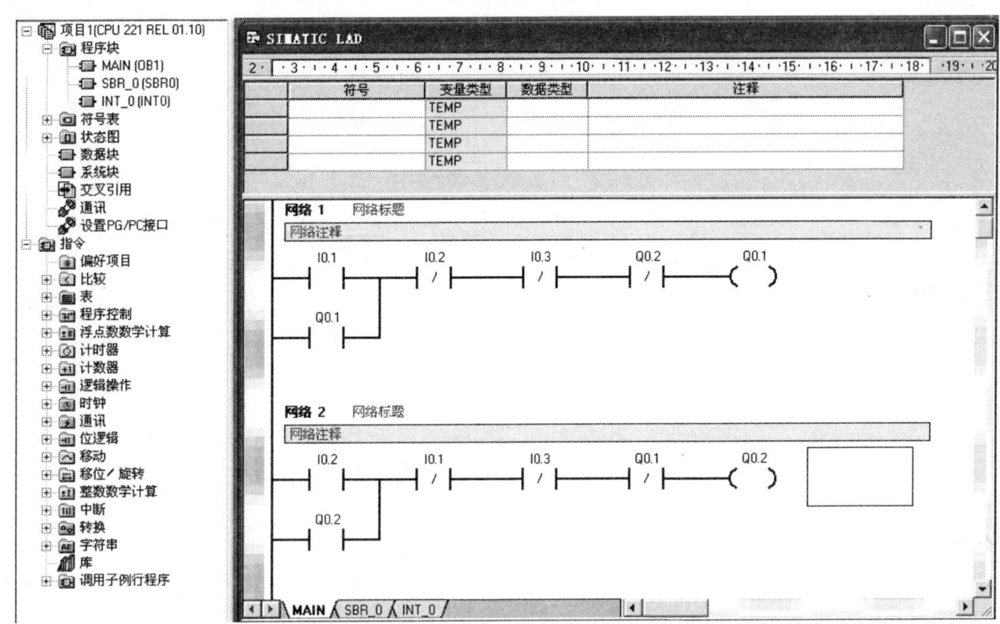

图 6-28　电动机正反转的梯形图程序输入

（2）程序的编译

用户程序编辑完后，用"PLC"菜单中的"编译"命令或用工具条中"编译"按钮对程序进行编译，经编译后在显示器下方的输出窗口显示编译结果，并能明确指出错误的网络段，可以根据错误提示对程序进行修改，然后再次编译，直至编译无误。

（3）程序的下载

如果编译无误，便可单击下载按钮，也可点击"文件"菜单中的"下载"，弹出下载对话框，经选定程序块、数据块、系统块等下载内容后，按"确定"按钮，把用户程序下载到 PLC 中。

（4）程序的运行

当 PLC 工作方式开关在"TERM"或"RUN"位置时，操作 STEP7-Micro/WIN32 的菜单命令或快捷按钮都可以对 CPU 工作方式进行软件设置。

当程序下载到 PLC 后，点击工具条中的"运行"按钮，或者点击"PLC"菜单中的"运行"命令即可使程序运行。

在运行程序前，我们可以在 PLC 实验台上对应地接上输入、输出，如电动机正反转程序中的 I0.1、I0.2、Q0.1、Q0.2，程序运行时，我们就可以通过实验台指示灯直观地观察电动机正反转程序的运行。

PLC 的输入/输出及电源接线方法如图 6-29 所示。

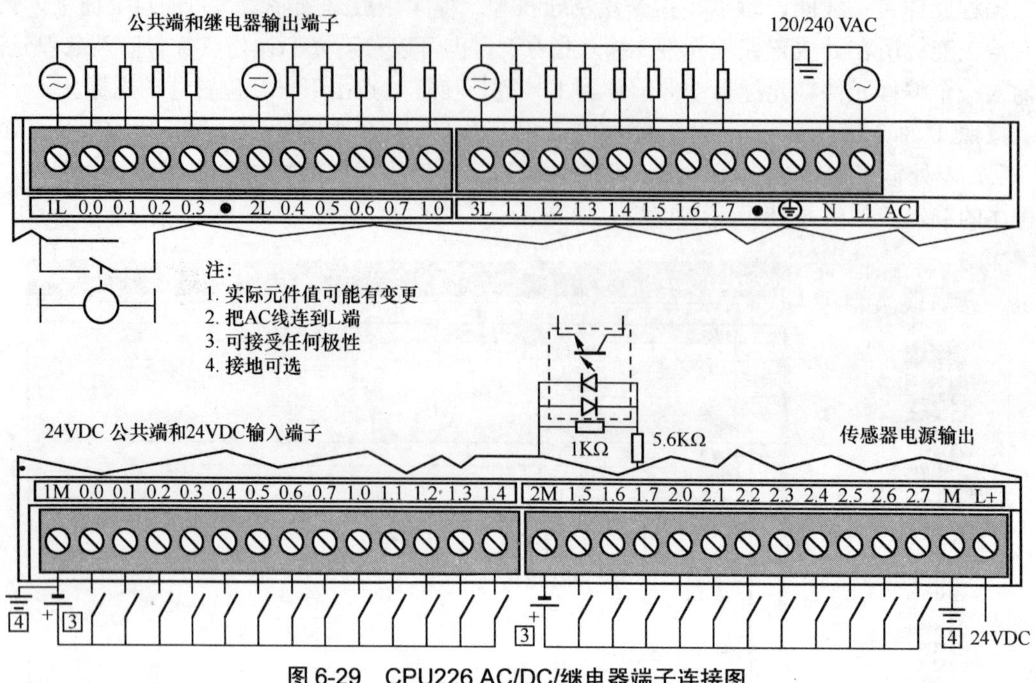

图 6-29　CPU226 AC/DC/继电器端子连接图

（5）程序的监视

无论使用梯形图、语句表还是功能表编程，都可在 PLC 运行时监视程序的执行对各元件的执行结果，并可监视操作数的数值。我们通常用梯形图编写程序，所以在此只介绍梯形图的监视。

点击“调试”菜单中的“程序状态”，或者点击工具条中的“程序状态”按钮，即可进入程序的监视，图中被点亮（呈阴影状态）的元件表示处于接通状态，梯形图中显示所有操作数的值，所有这些操作数状态都是 PLC 在扫描周期完成时的结果，在 PLC 的运行（RUN）工作状态，随输入条件的改变、定时及计数过程的运行，每个扫描周期的输出处理阶段将各个元件的状态刷新，可以动态显示各个定时、计数器的当前值，并用阴影表示触点和线圈通电状态，以便在线动态观察程序的运行。

如果运行时发现程序有误，我们点击工具条中“运行”按钮旁边的“停止”按钮，使程序停下来，然后修改程序，程序修改好后再经过编译和下载后，再次运行，反复修改调试，直到得出正确的运行结果。此外，也可在运行模式下修改程序，不建议使用，在这里就不再叙述。

（6）其他有关操作

① 插入和删除

编程中经常需要插入和删除一行、一列、一个网络、一个子程序或中断程序等，实现的方法有两种：在编程区右击要进行操作的位置，弹出下拉菜单，选择“插入”或“删除”选项，在弹出的子菜单中单击要插入或删除的项，然后进行编辑；也可用“编辑”菜单中的命令进行上述操作。对元件剪切、复制和粘贴等操作方法也与此类似。

② 编程语言的转换

STEP7-Micro/WIN32 软件可实现 3 种编程语言之间的相互转换。选择“检视”菜单，然后单击 STL 、LAD 或 FBD 即可进入相应的编程环境。使用最多的是 STL 和 LAD 之间的互相切换，STL 的编程可以按或不按网络块的结构顺序编程，但 STL 只有在严格按照网络块编程的格式下编程才能转换成 LAD，不然无法实现转换；编译好的 LAD 也可转换成 STL。

③ 上载

上载指令的功能是将 PLC 中未加密的程序或数据向上送入编辑器，在程序编辑窗口显示出来。上载的方法是单击工具条中“上载”按钮或选择“文件”菜单点击“上载”项，弹出上载对话框。选择程序块、数据块、系统块等上载内容后，可在程序编辑窗口上载 PLC 内部程序和数据。

项目学习评价

一、思考练习题

1. PLC 的硬件由哪几部分组成，各有什么作用？

2. 请叙述 PLC 与继电器控制系统相比有哪些优点。

3. 试用 PLC 编写电动机星形—三角形降压启动电路的程序。

4. 现有 3 台电动机 M_1、M_2、M_3，请用 PLC 控制程序实现 3 台电动机的顺序启动逆序停止。

5. 用 PLC 程序设计 1 个 4 人抢答器，具体功能如下：

① 有 A、B、C、D 4 个人抢答，每人 1 个抢答按钮、1 盏指示灯；

② 抢答时，有 3s 声音报警提示，并且抢答到的选手对应的指示灯点亮；

③ 主持人有 1 个复位按钮，每 1 轮抢答后进行复位。

二、自我评价、小组互评及教师评价

评价项目	项目评价内容	分值	自我评价	小组评价	教师评价	得分
理论知识	① 编程设计思路、程序	15				
	② 修改、调试程序、获得正确结果	10				
	③ 解释结果	10				
实操技能	① 电源开关通断状态、接线	15				
	② 将程序传送至 PLC	10				
	③ 使用状态检视功能	10				
	④ 使程序停止、返回修改程序	5				
	⑤ 按钮操作	5				
安全文明生产	① 工具的使用及放置	5				
	② 卫生保持、违反安全生产规程	5				
学习态度	① 出勤情况	5				
	② 实验室纪律、团队协作精神	5				

三、个人学习总结

成功之处	
不足之处	
改进方法	

世纪英才·中职教材目录（机械、电子类）

书　　名	书　　号	定　　价
模块式技能实训·中职系列教材（电工电子类）		
电工基本理论	978-7-115-15078	15.00 元
电工电子元器件基础（第 2 版）	978-7-115-20881	20.00 元
电工实训基本功	978-7-115-15006	16.50 元
电子实训基本功	978-7-115-15066	17.00 元
电子元器件的识别与检测	978-7-115-15071	21.00 元
模拟电子技术	978-7-115-14932	19.00 元
电路数学	978-7-115-14755	16.50 元
复印机维修技能实训	978-7-115-16611	21.00 元
脉冲与数字电子技术	978-7-115-17236	19.00 元
家用电动电热器具原理与维修实训	978-7-115-17882	18.00 元
彩色电视机原理与维修实训	978-7-115-17687	22.00 元
手机原理与维修实训	978-7-115-18305	21.00 元
制冷设备原理与维修实训	978-7-115-18304	22.00 元
电子电器产品营销实务	978-7-115-18906	22.00 元
电气测量仪表使用实训	978-7-115-18916	21.00 元
单片机基础知识与技能实训	978-7-115-19424	17.00 元
模块式技能实训·中职系列教材（机电类）		
电工电子技术基础	978-7-115-16768	22.00 元
可编程控制器应用基础（第 2 版）	978-7-115-22187	23.00 元
数学	978-7-115-16163	20.00 元
机械制图	978-7-115-16583	24.00 元
机械制图习题集	978-7-115-16582	17.00 元
AutoCAD 实用教程（第 2 版）	978-7-115-20729	25.00 元
车工技能实训	978-7-115-16799	20.00 元
数控车床加工技能实训	978-7-115-16283	23.00 元
钳工技能实训	978-7-115-19320	17.00 元
电力拖动与控制技能实训	978-7-115-19123	25.00 元
低压电器及 PLC 技术	978-7-115-19647	22.00 元
S7-200 系列 PLC 应用基础	978-7-115-20855	22.00 元

续表

书　名	书　号	定　价
中职项目教学系列规划教材		
数控车床编程与操作基本功	978-7-115-20589	23.00 元
数控铣制加工技术基本功	978-7-115-23735	24.00 元
单片机应用技术基本功	978-7-115-20591	19.00 元
电工技术基本功	978-7-115-20879	21.00 元
电热电动器具维修技术基本功	978-7-115-20852	19.00 元
电子线路 CAD 基本功	978-7-115-20813	26.00 元
电子技术基本功	978-7-115-20996	24.00 元
电工电子技术基本功	978-7-115-23709	24.00 元
彩色电视机维修技术基本功	978-7-115-21640	23.00 元
手机维修技术基本功	978-7-115-21702	19.00 元
制冷设备维修技术基本功	978-7-115-21729	24.00 元
变频器与 PLC 应用技术基本功	978-7-115-23140	19.00 元
电子电器产品市场与经营基本功	978-7-115-23795	17.00 元
电动机维修技术基本功	978-7-115-23781	23.00 元
机械常识与钳工技术基本功	978-7-115-23193	25.00 元
气焊与电焊基本功	978-7-115-24105	20.00 元
车工技术基本功	978-7-115-23957	29.00 元
机械基础	978-7-115-24459	21.00 元
CAD/CAM 软件应用技术基础——CAXA 数控车 2008	978-7-115-24106	25.00 元
电动机与控制技术基本功	978-7-115-24739	18.00 元
钳工技术基本功	978-7-115-24101	26.00 元